高等学校"十二五"规划教材

电子技术实验教程

主编　康科锋　贺小莉

西北工业大学出版社

【内容简介】 本书是为了配合"模拟电子技术"和"数字电子技术"课程教学而编写的实验教学教材,主要应用于实践教学环节,共分 6 章,主要内容包括实验须知、模拟电子技术实验、数字电子技术实验、电子技术课程设计、电子技术仿真软件 Multsim 的介绍及应用以及附录。

本书可作为高等工科院校自动化、电气自动化、测控、电子信息、通信工程、计算机及应用等本科及专科电子技术实验的教材和参考书,也可作为电子技术爱好者的参考书。

图书在版编目(CIP)数据

电子技术实验教程/康科锋,贺小莉主编 . —西安:西北工业大学出版社,2013.8
ISBN 978 - 7 - 5612 - 3803 - 5

Ⅰ.①电⋯　Ⅱ.①康⋯ ②贺⋯　Ⅲ.①电子技术—实验—高等学校—教材　Ⅳ.①TN - 33

中国版本图书馆 CIP 数据核字(2013)第 207288 号

出版发行:西北工业大学出版社
通信地址:西安市友谊西路 127 号　　邮编:710072
电　　话:(029)88493844　88491757
网　　址:www.nwpup.com
印 刷 者:兴平市博闻印务有限公司
开　　本:787 mm×1 092 mm　　1/16
印　　张:12.75
字　　数:309 千字
版　　次:2013 年 9 月第 1 版　　2013 年 9 月第 1 次印刷
定　　价:25.00 元

前　言

　　本书是按照原国家教委批准的"模拟电子技术"和"数字电子技术"课程教学基本要求,针对实验课程要求而编写的。同时,本书又对教学内容进行一定的扩展,让学生对电子技术课程中实际操作具有一定的认识,并使学生对电子技术的一般研究方法进行了解和初步的掌握。

　　电子技术系列实验技术是电类专业本科学生基本训练的一个重要环节。通过这一训练平台,在近两年的学习时间内,在电子仪器、仪表,实验装置,电路的设计、组成,测试方法,数据处理和撰写技术工作报告诸方面,学生可得到全面、系统的训练。最后,通过综合实验和课程设计,学生初步具备电工电子线路设计和制作的能力,为下一步进入电子实习等打下良好的基础。本书可作为自动化、电气工程及其自动化、电子信息工程、通信工程、计算机科学与技术、测控技术与仪器、机械设计及其自动化、应用物理学等专业电类实验课的教材。

　　全书共分6章。第1章为实验须知,包括实验注意事项、要求和各种元器件的识别;第2章为模拟电子技术实验;第3章为数字电子技术实验;第4章为电子技术课程设计,包括了电子技术课程报告的撰写要求和撰写格式,以及课程设计报告范文实例的内容,以利于对学生撰写课程设计报告进行规范性的引导;第5章为电路仿真软件 Multisim 10 的概述及基本操作;第6章为附录,附有电子技术实验常用仪器及设备的使用和操作方法。

　　本书第1章、第3章、第4章、第6章由康科锋编写,第2章由贺小莉编写,第5章由陈海洋编写,全书由徐健、王晓华进行全面的审核。在本书的编写过程中还得到了其他同志的热情帮助,在此表示感谢。

　　限于水平和经验,在编写工作中可能存在不少缺点和不足,希望使用本书的教师、学生以及广大读者提出批评和建议,以便今后的修订,使本书质量不断提高。

编　者

2013 年 7 月

目　录

第1章 实验须知

1.1 实验要求

一、实验的安全

(1)注意人身安全,严禁带电操作。接线时应最后连接电源线,以确保安全。

(2)爱护国家财产,严格按实验线路接线,正确使用仪器。对尚未了解其使用方法的仪器设备,不许进行操作。

(3)在接线完毕后,应先由同组的同学进行相互检查,然后经教师检查合格后,方可接通电源进行实验。

(4)在实验过程中,应始终注意仪表、仪器等设备的工作是否正常,如有意外,应立即切断电源并保留现场,在教师指导下检查原因。

(5)在实验完毕后,应将导线、仪器、设备整理好,再离开实验室。

(6)实验室内物品未经允许不准带出室外。

(7)实验室内严禁吸烟、喧哗和随地吐痰。

二、实验前的预习

(1)每次实验前必须仔细阅读实验指导书,明确实验目的、内容、原理方法和步骤。

(2)用实验报告专用纸编写预习报告。

预习报告应完成以下内容:实验目的、实验线路、实验方法和简明扼要的操作步骤、记录数据的表格和规定预习时计算的内容。

(3)在进入实验室后,应先将预习报告交给教师审阅。无预习报告者不得进行实验。

三、实验操作

当做实验时,应注意以下几点:

1. 接线

(1)检查仪器设备的配备与完好情况。

(2)接线前,应按照读数方便,接线简单、交叉少,操作安全的原则,把仪器设备摆在恰当位置后再接线。

当接线时,按电路原理一个回路一个回路地依次连接每个电气元件或设备,可先接串联支路,后接并联支路。接线长度应适当,每个接线柱上线头不宜过多。

2. 仪表

(1)当使用仪表时,要轻拿、轻放。

（2）使用仪表前，应调零点。

（3）电流表一般不直接串接在线路中，而是用电流插箱代替它。电流表则接在电流插箱插头的引线上，测量时将插头插入插座，不用时可以抽出。电压表一般也不直接并接于线路中，而用测试笔并联在被测电压的电路两端，这样不仅可以保护仪表不受意外损害，而且还可以提高仪表的利用率。

（4）当使用仪表时，要注意选择合适的类型和量程。

（5）读数时要眼睛垂直对着仪表（对有反射镜的仪表，应让指针与影像重合）面板，要弄清楚每一小格刻度所代表的数值，要注意有效数字的位数和基本误差。

3.数据的观测和记录

（1）通电后不要急于记录数据，应先观察仪器的工作是否正常，如果没有问题，再按规定步骤进行实验观测。

（2）当同一实验步骤中有几个仪表时，应尽量做到同时读数。

（3）数据应记录在预习时准备好的表格中，并随时校核数据的合理性，当实验数据偏离预习估值时，应重新测量。

（4）所测数据经教师审阅后，再切断电源，进行拆线。

1.2　实验报告书写形式

1.实验目的

2.实验预习报告

（1）实验线路图设计、实验数据记录表设计；

（2）实验步骤简记。

3.实验数据记录

4.实验数据处理

5.结论

6.习题解答

注意：疑难问题申报要求字迹端正，图规整并符合国标的规定。教师应根据实验情况评出：优、良、及格、不及格，并计入学业成绩登记册。

1.3　常用电子元器件的标识

一、常用电子元器件的标识

（一）电阻器

电阻器在电路中的文字符号用 R 表示，通常分为固定电阻器和可变电阻器。

1.普通电阻器

（1）分类。普通电阻器的分类如图 1.3.1 所示。

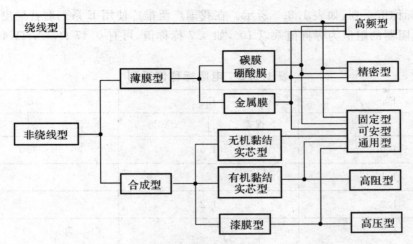

图 1.3.1　普通电阻器的分类

(2)标识方法。

1)型号命名如下：

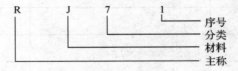

R　　J　　7　　1　—序号
　　　　　　　　　　分类
　　　　　　　　　材料
　　　　　　　主称

上述型号命名表示：金属膜精密电阻器。

分类标志和材料标志的含义如表 1.3.1 和表 1.3.2 所示。

表 1.3.1　分类标志的含义

数字类别	1	2	3	4	5	6	7	8	9
电阻器	普通	普通	超高频	高阻	高温		精密	高压	特殊
字母类别	G	T	X	L		W		D	
电阻器	高功率	可调	小型	测量用		微调		多圈	

表 1.3.2　材料标志的含义

符　号	材料意义	符　号	材料意义
C	沉积膜	P	硼碳膜
H	合成膜	U	硅碳膜
I	玻璃釉膜	X	线绕
J	金属膜	Y	氧化膜
N	无机实芯	R	热敏
S	有机实芯	G	光敏
T	碳膜	M	压敏

2)电阻标称值系列,如表 1.3.3 所示。在我国广泛推广使用 E 系列对普通电阻器进行标称,即某一电阻器的阻值为标称值乘以 10^n,如 4.7 标称值,可有 $0.47\ \Omega, 4.7\ \Omega, 47\ \Omega, 470\ \Omega, 4.7\ k\Omega$ 几种。

表 1.3.3　电阻标称值系列

E₂₄		E₁₂		E₆	
误差	±5%	误差	±10%	误差	±20%
1.0		1.0		1.0	
1.1					
1.2		1.2			
1.3					
1.5		1.5		1.5	
1.6					
1.8		1.8			
2.0					
2.2		2.2		2.2	
2.4					
2.7		2.7			
3.0					
3.3		3.3		3.3	
3.6					
3.9		3.9			
4.3					
4.7		4.7		4.7	
5.1					
5.6		5.6			
6.2					
6.8		6.8		6.8	
7.5					
8.2		8.2			
9.1					

（3）常用电阻器允许误差等级,如表 1.3.4 所示。

表 1.3.4　电阻器允许误差等级

允许误差	＋0.5%	＋1%	＋2%	＋5%	＋10%	＋20%
级　别	005	01	02	Ⅰ	Ⅱ	Ⅲ
类　型	精密型			普通型		

（4）电阻器的额定功率。电阻器的额定功率的标准有 1/16W,1/8W,1/4W,1/2W,1W,
2W,5W,6W,10W,20W 等,表示电阻器额定功率的通用符号如图 1.3.2 所示。

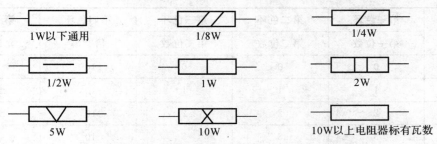

图 1.3.2　电阻器额定功率的通用符号

2.色环电阻器标识

色环电阻器的电阻标称值及误差均用不同的色环表示阻值和误差。普通精度的色环电阻器误差≤±5%,一般采用四个色环表示。精密色环电阻器误差≤±1%,采用五个色环表示。

四色环电阻器如图 1.3.3 所示,表示阻值为 $32×100\ 000\Omega±5\%=3.2M\Omega±5\%$。

普通精度色环电阻器色环颜色与数值对照表,如表 1.3.5 所示。

五色环电阻器如图 1.3.4 所示,表示阻值为 $165×1±1\%=165\Omega±1\%$。

精密色环电阻器色环颜色与数值对照表,如表 1.3.6 所示。

表 1.3.5　普通精度色环电阻器色环颜色与数值对照表

色环颜色	第一色环	第二色环	第三色环	第四色环
	第一位数	第二位数	倍率	误差范围
黑	0	0	$10^0=1$	
棕	1	1	$10^1=10$	
红	2	2	$10^2=100$	
橙	3	3	$10^3=1\ 000$	
黄	4	4	$10^4=10\ 000$	
绿	5	5	$10^5=100\ 000$	
蓝	6	6	$10^6=1\ 000\ 000$	
紫	7	7		
灰	8	8		
白	9	9		
金			$10^{-1}=0.1$	±5%(J)
银			$10^{-2}=0.01$	±10%(K)

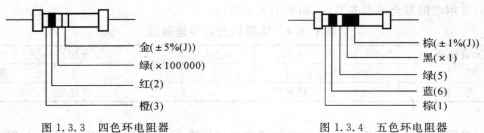

图 1.3.3　四色环电阻器　　　　　　　　图 1.3.4　五色环电阻器

表 1.3.6　精密色环电阻器色环颜色与数值对照表

色环颜色	第一色环	第二色环	第三色环	第四色环	第五色环
	第一位数	第二位数	第三位数	倍　率	允许误差
黑	0	0	0	10^0	
棕	1	1	1	10^1	±1%
红	2	2	2	10^2	±2%
橙	3	3	3	10^3	
黄	4	4	4	10^4	
绿	5	5	5	10^5	±0.5%
蓝	6	6	6	10^6	±0.25%
紫	7	7	7	10^7	±0.1%
灰	8	8	8	10^8	
白	9	9	9	10^9	
金				10^{-1}	
银				10^{-2}	

3. 其他电阻器

（1）热敏电阻器。热敏电阻器根据阻值温度特性分为 PTC 热敏电阻器（正温度系数）和 NTC 热敏电阻器（负温度系数）。

1）PTC 热敏电阻器。PTC 元件是在主体材料钛酸钡中，掺以能改变居里点温度的物质和极微量的稀土元素制成的复合钛酸盐 N 型半导体。在居里点温度以下，PTC 电阻器阻值随温度变化缓慢，当超过这个温度时，PTC 电阻器阻值急剧增大。钛酸钡的居里点为 120℃，当加入居里点移动剂时，居里点温度可在 −20～300℃ 之间变化。习惯上，将 120℃ 以上的 PTC 热敏电阻器称为高温 PTC 电阻器。反之，称为低温 PTC 电阻器。

2）NTC 热敏电阻器。NTC 热敏电阻器有多种封装形式，其中玻璃封装的结构占多数。电阻阻值越高的 NTC 热敏电阻器，其温度变化与阻值变化的比值越大，灵敏度也越高。

（2）压敏电阻器。压敏电阻器是以氧化锌为主要原料，添加多种微量金属氧化物，经混合、成形、烧结，装配而成的一种过压保护元件，也称浪涌吸收器。它的阻值随施加电压的改变呈非线性变化。

(3)光敏电阻器。光敏电阻器是光敏器件中应用较广的一种。它是一种无结器件,利用半导体的导电特性制成。光照强度越强,电阻越小。常用的光敏电阻器材料有硫化镉(CdS)、硒化镉(CdSe)和硫化铅(PbS)等,目前生产与使用最多的是 CdS 光敏电阻器。在 CdS 中掺入铜、银等杂质,可以提高 CdS 光敏电阻器的灵敏度。

(二)电容器

电容器在电路中的文字符号用 C 表示,通常可分为固定电容器和可变电容器。

1.电容器型号命名

电容器型号命名如表 1.3.7 和表 1.3.8 所示。

表 1.3.7 材料标志意义

符 号	材 料	符 号	材 料
C	瓷介	S	聚碳酸酯
I	玻璃釉	Q	漆 膜
O	玻璃膜	H	复合介质
Y	云 母	D	铝电解
V	云母纸	A	钽电解
Z	纸 介	N	铌电解
J	金属化纸	G	合金电解
B	聚苯乙烯等非极性有机薄膜	T	钛电解
F	聚四氟乙烯	M	压 敏
L	涤纶等	E	其他材料电解

表 1.3.8 分类标志类别

数字类别 产品名称	1	2	3	4	5	6	7	8	9
瓷介电容器	圆片	管形	迭片	独石	穿芯	支柱等		高压	
云母电容器	非密封	非密封	密封	密封				高压	
有机电容器	非密封	非密封	密封	密封	穿芯			高压	特殊
电解电容器	薄式	薄式	烧结粉 液体	烧结粉 固体			无极性		特殊

字母类别 产品名称	T	W	J	X	S	D	M	Y	C
电容器	钛电解	微调	金属化	小型	独石	低压	密封	高压	穿芯式

2.电容器种类

(1)固定电容器。固定电容器按其是否有极性可分为无极性电容器和有极性电容器两大类。无极性电容器按介质不同又可分为纸介质电容器、油浸纸介密封电容器、金属化纸介电容器、云母电容器、有机薄膜电容器、玻璃釉电容器、瓷介电容器等。有极性电容器按正极材料不同又可分为铝电解电容器及钽（或铌）电解电容器。

（2）可变电容器。可变电容器有单连可变电容器、双连可变电容器及微调电容器。

如：CJX－250－0.33－±10%电容器的命名含义：金属瓷介小型电容，最大工作电压250 V，标称电容量0.33μF，允许误差±10%。

3.电容量的标称值系列

（1）电容量的标称值系列：国产电容器的标称值系列与电阻相同，有E_6，E_{12}，E_{24}三个系列，参见表1.3.3。

（2）直标法：在体积稍大的电容器上直接标出电容量及单位。还有一些电容器标出电容量但不标注单位，如带有小数点的数字，则电容量单位是μF；不带小数点的四位数字或两位数字的电容量单位是pF。

（3）电容量数码表示法：在一些瓷片电容及其他体积小的容器上，常用三位数表示标称电容量，单位是pF。三位数字中前两位表示标称值的有效数字，第三位数为有效数字后面零的个数。例如电容器上标出103，则标称电容量为10×10^3pF$=10^4$pF$=0.01\mu$F。另外，在三位数字后面标有字母，如224K，此处的K不是单位，而是允许误差。

（4）电容器的允许误差：电容器的允许误差与电阻器的允许误差相同，详见表1.3.4。

（5）电容器的标志符号：电容器的标志符号如表1.3.9所示。

表1.3.9　电容器的标志符号

电容量	标志符号	电容量	标志符号
0.1pF	P1	1μF	1μ
0.33pF	P33	3.3μF	3μ3
0.59pF	P59	5.9μF	5μ9
1pF	1P	10μF	10μ
3.3pF	3P3	33μF	33μ
5.9pF	5P9	59μF	59μ
10pF	10P	100μF	100μ
33pF	33P	330μF	330μ
59pF	59P	590μF	590μ
100pF	100P	1 000μF	1m
330pF	330P	3 300μF	3m3
590pF	590P	5 900μF	5m9
1 000pF	1n	10 000μF	10m
3 300pF	3n3	33$\times10^3\mu$F	33m
5 900pF	5n9	59$\times10^3\mu$F	59m
10 000pF	10n	100$\times10^3\mu$F	100m

续 表

电容量	标志符号	电容量	标志符号
33 000pF	33n	$330 \times 10^3 \mu F$	330m
59 000pF	59n	$590 \times 10^3 \mu F$	590m
100 000pF	100n	1F	1F
330 000pF	330n	3.3 F	3F3
590 000pF	590n	5.9F	5F9

4. 半导体电容器

半导体电容器是具有半导体瓷介质和电介质绝缘层的电容器,它具有体积小、电容量大的特点。目前,半导体电容器的额定电压范围在 $12 \sim 50$ V 之间,表 1.3.10 表示出了半导体电容器的特性及用途。

表 1.3.10 半导体电容器的特性及用途

种 类	主要材料	特 点	用 途	符 号
势垒型	钛酸钡($BaTiO_3$)	额定电压低,超小型,大电容量	用于吸收数字电路噪声	CGA
表层型	钛酸钡	小型,小电容量		
粒界层型	钛酸锶($SrTiO_3$)	小型,电介质特性好,损耗低,低频率,频率特性好,具有压敏电阻特性	用于音响、电视机、录像机中作旁路、耦合电容	CGB
电介质型	钛酸钡氧化钛(TiO_2)			

(三)电感器

电感器在电路中的文字符号用 L 表示,通常可分为固定、可变和微调电感器。

电感器是将绝缘导线在骨架上绕一定的圈数制成的。直流电流通过电感线圈时,其直流电阻就是导线本身的电阻,压降很小;当交流信号通过线圈时,线圈两端将会产生自感电动势,自感电动势的方向与外加电压的方向相反,阻碍交流信号的通过,所以电感器的特性是通直流隔交流,频率越高线圈阻抗越大。电感器在电路中可与电容器组成振荡电路。

电感器的基本单位为亨利(H)。换算关系为 1 H = 1 000 mH = 1 000 000 μH。

电感器的标识一般有直标法、色标法和数码法。色标法与电阻类似,分四个色环,例如一个电感器从左至右标有黄、紫、金、银,它表示电感量为 47×10^{-1} pH(误差 $\pm 10\%$);数码法与电容器类似,如:103 表示电感量为 $10 \times 10^3 \mu H = 10$ mH。

(四)半导体晶体管

1. 半导体晶体管的命名法

半导体晶体管包括晶体二极管和晶体三极管。表 1.3.11 所示为半导体晶体管的命名法。

表 1.3.11　半导体晶体管的命名法

第一部分		第二部分		第三部分		第四部分	第五部分
用阿拉伯数字表示器件的电极数目		用汉语拼音字母表示器件的材料和极性		用汉语拼音字母表示器件的类别		用阿拉伯数字表示序号	用汉语拼音字母表示规格号
符号	意义	符号	意义	符号	意义		
2	二极管	A	N 型,锗材料	P	小信号管		
		B	P 型,锗材料	V	混频检波器		
		C	N 型,硅材料	W	电压调整管和电压基准管		
		D	P 型,硅材料	C	变容管		
3	三极管	A	PNP 型,锗材料	Z	整流管		
		B	NPN 型,锗材料	L	整流堆		
		C	PNP 型,硅材料	S	隧道管		
		D	NPN 型,硅材料	K	开关管		
		E	化合材料	U	光电管		
				X	低频小功率晶体管(截止频率<3 MHz,耗散功率<1 W)		
				G	高频小功率晶体管(截止频率≥3 MHz,耗散功率<1 W)		
				D	低频大功率晶体管(截止频率<3 MHz,耗散功率<1 W)		
				A	高频大功率晶体管(截止频率≥3 MHz,耗散功率>1 W)		
				T	闸流管		

示例

3　A　G　1　B

- 规格号
- 序号
- 高频小功率管
- PNP型、锗材料
- 三极管

2.半导体晶体管的封装形式和管脚识别

常用晶体二极管的封装形式有金属、塑料和玻璃外壳三种封装。二极管的识别很简单,小功率二极管的 P 极(正极),在它的外壳大多采用一个色点标出;有些二极管也用标记箭头来表示,标记箭头所指向为负极;也有采用字母标志"P""N"来表示二极管极性。发光二极管的正负极性可从引脚长短来识别,长脚为正,短脚为负。

常用晶体三极管的封装形式有金属和塑料外壳两种封装,如图 1.3.5 所示。管脚的排列方式有一定的规律,若为金属外壳封装的,则将管底朝上放置,对于带有定位销的,从定位销起按顺时针方向,3 个电极依次为 e,b,c;对于无定位销的,使 3 个电极构成等腰三角形摆放(其中顶角在上),则从左开始按顺时针方向 3 个电极依次为 e,b,c。若为塑料外壳封装的,使其平面朝向自己,3 个电极向下放置,从左向右依次为 e,b,c。

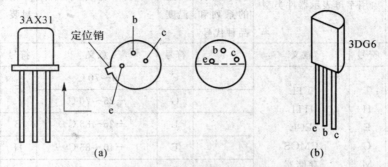

图 1.3.5　晶体三极管电极的识别

常用场效应管的封装形式只有金属封装,其管脚的排列方式与金属封装的三极管相似,但管脚功能不同,将管底朝上放置,从定位销起按顺时针方向,3 个电极依次为 d,s,g,若有第四个管脚,则为外壳引线。

目前,国内各种类型的晶体管有许多种,管脚的排列不尽相同。在使用中若管脚排列不确定,则必须通过相应的测量来确定,或查阅晶体管使用手册,明确其特性及相应的技术参数。

3. 半导体晶体管的主要参数

(1) 半导体二极管:普通二极管、整流二极管、开关二极管。主要参数包括最大整流电流 $I_{FM}(mA)$、最大反向工作电压 $U_{RM}(V)$、反向击穿电压 $U_{BR}(V)$、最高工作频率 $f_M(MHz)$、反向恢复时间 $t_r(ns)$。

稳压管的主要参数包括稳定电压 $U_Z(V)$、稳定电流 $I_Z(mA)$、最大稳定电流 I_{ZM}、动态电阻 $r_Z(\Omega)$、电压温度系数 $\alpha_{UZ}((\%)/℃)$、最大耗散功率 $P_{ZM}(W)$。

(2) 半导体三极管:半导体三极管的主要参数包括直流放大系数 β、穿透电流 $I_{CEO}(\mu A)$、集电极最大允许电流 $I_{CM}(mA)$、最大耗散功率 $P_{CM}(mW)$、集-射极击穿电压 $U_{(BR)CEO}(V)$、截止频率 $f_r(MHz)$。

(五)半导体集成电路

1. 半导体集成电路型号命名

半导体集成电路型号命名法,如表 1.3.12 所示。

2. 半导体集成电路的封装形式和管脚识别

按外形,半导体集成电路可分为圆型、扁平型和双列直插型。

对于圆型集成电路,识别时,面向引脚正视,从定位销顺时针方向依次为 1,2,3,4,…如图 1.3.6(a)所示。圆型多用于模拟集成电路。

对于扁平型和双列直插型,识别时,将文字符号标记正放(一般集成电路上有一圆点或缺口,将其置于左侧),由顶部俯视,从左下脚起,按逆时针方向依次为 1,2,3,4,…如图 1.3.6(b)所示。扁平型多用于数字集成电路,双列直插型广泛应用于模拟和数字集成电路。

表 1.3.12　半导体集成电路型号命名法

第 0 部分		第 1 部分		第 2 部分	第 3 部分		第 4 部分	
用字母表示器件符合国家标准		用字母表示器件类型		用数字表示器件的系列和品种代号	用字母表示器件的工作温度		用字母表示器件的封装	
符号	意义	符号	意义		符号	意义	符号	意义
C	符合国家标准	T	TTL		C	0～70℃	F	多层陶瓷扁平
		H	HTL		G	−25～70℃		
		E	ECL		L	−25～85℃	B	塑料扁平
		C	CMOS		E	−40～85℃	H	黑瓷扁平
		M	存储器		R	−55～85℃	D	多层陶瓷双列直插
		μ	微型机电路		M	−55～125℃		
		F	线性放大器					
		W	稳压器				J	黑扁双列直插
		B	非线性电路				P	塑料双列直插
		J	接口电路				S	塑料单列直插
		AD	A/D 转换器				K	金属菱形
		DA	D/A 转换器				T	金属圆形
		D	音响电视电路				C	陶瓷片状载体
		SC	通信专用电路				E	塑料片状载体
		SS	敏感电路					
		SW	钟表电路				G	网格阵列

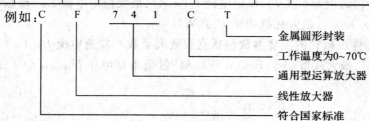

例如：C F 7 4 1 C T

金属圆形封装
工作温度为0~70℃
通用型运算放大器
线性放大器
符合国家标准

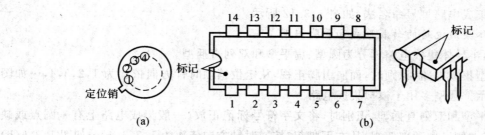

图 1.3.6　集成电路外引线的识别

（a）圆形；（b）扁平和双列直插型

3. 特殊集成电路的主要参数

（1）运算放大器的主要参数：电源电压 $\pm U_{CC}(U_{DD})$（V）、开环差模电压增益（放大因数）$A_\circ$（dB）、输入失调电压 U_{IO}（mV）、输入失调电流 I_{IO}（nA）、输入偏置电流 I_{IB}（nA）、最大共模输入电压 $U_{IC\max}$（V）、最大差模输入电压 $U_{ID\max}$（V）、共模抑制比 K_{CMR}（dB）、输入电阻 R_i（MΩ）、U_{IO} 的温漂 dU_{IO}/dT（μV/℃）、单位增益带宽 f_{GB}（MHz）、转换速率 S_R（V/μs）、静态功耗 P_D（mW）。

（2）TTL，CMOS 集成电路的主要参数：输出高电平电压 $U_{OH(min)}$（V）、输出低电平电压 $U_{OL(max)}$（V）、输出高电平电流 $I_{OH(max)}$（mA）、输出低电平电流 $I_{OL(max)}$（mA）、输入高电平电压 $U_{IH(min)}$（V）、输入低电平电压 $U_{IL(max)}$（V）、输入高电平电流 $I_{IH(max)}$（μA）、输入低电平电流 $I_{IL(max)}$（mA）、高电平噪声容限电压 U_{NH}（V）、低电平噪声容限电压 U_{NL}（V）、扇出系数 N_0、平均传输延迟时间 t_{pd}。

第2章　模拟电子技术实验

2.1　电子技术常用实验仪器的使用练习

一、实验目的

双踪示波器、低频信号发生器和交流毫伏级电压表、万用表是电子技术实验中常用的仪器,熟悉并正确使用这些测试仪器是电子、信控类专业的基本要求。通过实验达到以下目的:

(1)了解示波器、信号发生器和交流毫伏级电压表的工作原理及主要技术指标。

(2)掌握上述仪器面板上各旋钮或按键的功能。

(3)学习正确使用上述仪器进行电子线路测试的方法。

二、预习要求

(1)阅读本书第 6 章 6.1,6.2,6.3 节中关于示波器、函数信号发生器及交流毫伏级电压表的内容介绍,了解各仪器面板旋钮或按键的位置及作用。

(2)认真阅读本节实验内容,思考下面的题目中提出的有关问题。

(3)思考题:

1)信号发生器电压幅度由哪些按键、旋钮调节?

2)信号发生器显示的电压是有效值还是峰峰值?

3)交流毫伏级电压表测量的电压是有效值还是峰峰值?

4)电压峰峰值的表达符号是(　　　　),有效值的表达符号是(　　　　)。

5)交流毫伏级电压表测量电压后可以直接从测量点断开吗?为什么?应该怎么办?

6)交流毫伏级电压表测量电压时:

量程选择 $1 \times 10''$ 挡,应选择内标尺还是外标尺读取电压?

量程选择 $3 \times 10''$ 挡,应选择内标尺还是外标尺读取电压?

7)当示波器无波形显示时应检查和调整哪些按键和旋钮?

8)当用示波器定量测量电压和频率时,微调旋钮置什么位置?

9)当波形水平移动或成网状波形时,应调整哪个旋钮?

三、实验仪器

(1)示波器。

(2)函数信号发生器。

(3)交流毫伏级电压表。

四、实验内容

1. 信号发生器的使用练习

仔细观察信号发生器面板上的按键、旋钮及标识。打开电源开关，"波形选择"确定在正弦波(指示灯亮)，与本实验无关的占空比、扫频、电平按键弹出(指示灯灭)。通过表 2.1.1 设定参数的练习，了解信号发生器频率的调节和电压幅度各挡位的调节范围。

(1)频率的调节：调整电源开关右侧的频率选择按键和"频率调节""频率微调"旋钮，仪器上方的显示屏前半部分显示频率值。

(2)电压幅度的调节：调节"衰减"按键和"幅度"旋钮，显示屏后半部分显示电压的峰峰值 U_{P-P}。

表 2.1.1　信号发生器使用练习记录表 1

频　率	衰减(按键)	幅度旋钮	
		左旋到头(MIN)显示屏显示的峰峰值 U_{P-P}	右旋到头(MAX)显示屏显示的峰峰值 U_{P-P}
2 kHz	0 dB(20 dB,40 dB 均弹出)		
	20 dB(20 dB 按下,40 dB 弹出)		
	40 dB(20 dB 弹出,40 dB 按下)		
	60 dB(20 dB,40 dB 均按下)		

(3)电压调节练习：根据表 2.1.1 中电压的调整范围，思考表 2.1.2 中的电压需要选择多大的衰减并调节出所列电压。

表 2.1.2　信号发生器使用练习记录表 2

频　率	10 kHz		
衰减按键 dB			
峰峰值电压 U_{P-P}	6V	0.4V	20MV

2. 交流毫伏级电压表的使用练习

交流毫伏级电压表是测量正弦交流电压有效值的测量仪器，其面板由量程选择开关和表头两部分组成。彩色标识表达的是电压分贝值(即 dB)，在此我们只学习电压有效值(黑色标识)的测量方法。

(1)电压测量方法。表头上镜面弧度外标尺刻度为 0~1.0，内标尺刻度为 0~3.0。量程值即是标尺的最大值。

例如：当量程确定在 300mV 时，外标尺的最大值 1.0 和内标尺的最大值 3.0 都代表 300mV。从内标尺的最大值 3.0(代表 300mV)往回读到指针对应的值即是测量值。这时若选择外标尺 1.0(代表 300mV)则要换算。

当量程确定在 10V 时，指针若在外标尺的 0.7 处，外标尺的最大值 1.0 即代表 10V，往回读，则测得的电压为 7V。这时若选择内标尺 3.0(代表 10V)也要换算。

（2）仪器使用注意。

1）交流毫伏级电压表平常置于 10V 以上量程，测量时从大（10V）至小调整到使表针停在大于满刻度的 1/3 范围内。

2）测量结束，量程须调回到 10V 以上，再分别断开测量端和共地端，以免外界电场电压干扰损坏表针。

3）共地的概念。在用电子仪器测量时，测量仪器的地线端（黑色）必须与被测仪器（或电路）的地线连接在一起。

（3）电压测量练习。

将量程调至 10V 以上，打开电源，用交流毫伏级电压表测量信号发生器的输出电压。通过表2.1.3设定参数的练习，学习用交流毫伏级电压表测量正弦交流电压有效值，区分有效值电压 U 和峰峰值电压 U_{P-P}，它们的换算关系是 $U = \dfrac{U_{P-P}}{2\sqrt{2}}$。

（4）总结量程和内外标尺满刻度的对应关系。

表 2.1.3　交流毫伏级电压表使用练习

信号发生器显示屏显示		交流毫伏级电压表		
频率 f	峰峰值 U_{P-P}	理论 U	量程	测量值 U
500 Hz	6V			
	240mV			

3. 示波器的使用练习

仔细观察示波器面板上的按键、旋钮及标识，并按下列要求设置：

1）垂直部分"方式"方框中的按键根据待测信号从通道 1（CH1）或通道 2（CH2）接入作对应选择。

2）DC/AC 根据测试信号，交流时置 AC 弹出位置。

3）水平部分"触发方式"锁定"自动和常态"键按下。

4）触发选择按键点亮"常态"和对应通道 CH1 或 CH2。

5）其余按键弹出。

（1）示波器重点旋钮使用介绍。

1）辉度旋钮调节亮度，聚焦旋钮调节线条粗细，通常已经调整到位。位移旋钮置于中间，可根据需要调整。

2）微调旋钮：定量测量时要求该旋钮必须左旋到底置于"校准"位置（即灯灭），否则测量数据不准确。

3）电平旋钮：当波形水平移动或成网状波形时，调整"电平"旋钮，使其与被测信号同步。

4）VOLTS/DIV（垂直灵敏度选择旋钮）：用于垂直方向上调节波形的高度。其指向值表示当前垂直方向上一大格所代表的电压值，用来配合电压的测量。

例如：波形在显示屏垂直方向上占 4 格，VOLTS/DIV 旋钮指向 2V/格，则峰峰值电压为
$$U_{P-P} = 4\ \text{格} \times 2\text{V/格} = 8\text{V}$$

有效值电压
$$U = \frac{U_{P-P}}{2\sqrt{2}} = \frac{8\text{V}}{2.8} \approx 2.9\text{V}$$

5）SEC/DIV（X 扫描速率选择旋钮）：用于水平方向上调节波形的个数。其指向值表示当前水平方向上一大格所代表的时间值，用于配合时间周期及频率的测量。其测量方法与电压测量同理。

（2）仪器使用注意：示波器禁止频繁开关，所以做完实验后，离开时再关电源。

（3）用示波器测量信号发生器的输出信号。通过表 2.1.4 设定参数的练习，学习用示波器观察并测量一个待测信号。

表 2.1.4　示波器使用练习

信号发生器	频率	5kHz	1kHz
	峰峰值电压 U_{P-P}	2V	300mV
示波器	峰峰值电压所占格数		
	VOLTS/DIV 旋钮指向值		
	峰峰值电压 U_{P-P}		
	有效值电压 U		
	波形一个周期所占格数		
	SEC/DIV 旋钮指向值		
	波形周期 T		
	频率 f		

（4）总结示波器测量电压和频率的方法。

4．应用练习（选做）

（1）用信号发生器和交流毫伏级电压表调出一个 5V/1kHz 的正弦信号。

（2）用信号发生器和示波器调出一个 100mV/10kHz 的正弦信号。

五、实验报告

（1）记录并填写指导书中的各项表格。

（2）讨论实验中产生的现象。

（3）回答思考题。

六、思考题

（1）信号发生器的输出幅度调节影响频率调节吗？

（2）当用交流毫伏级电压表测量某一电压时，①表针只有略微偏转；②表针右偏，超出刻度线，并停在右端。这是什么原因？怎么办？

（3）当按某一要求获得信号发生器输出电压，先选择好了交流毫伏级电压表的量程，再调节信号发生器输出调节旋钮时，交流毫伏级电压表表现出：①表针略有偏转；②输出幅度旋钮稍右旋，表针迅速右偏超出刻度，卡在右端。这是什么原因？怎么办？

(4)当使用示波器时,要达到下列要求,应调节哪些旋钮?

1)波形上下移动。

2)波形左右移动。

3)波形稳定。

4)改变波形显示个数。

5)改变波形显示高度。

(5)当一台性能完好的示波器出现图 2.1.1 所示现象时,指出产生原因,应调节哪些旋钮波形才能清晰、稳定?

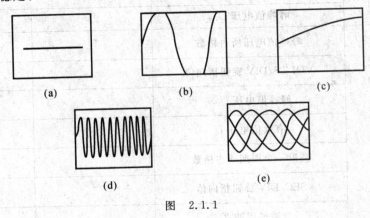

图 2.1.1

2.2 单级晶体管阻容耦合放大电路

一、实验目的

(1)掌握交流放大电路静态工作点的调试、测量方法。理解工作点 Q 对放大电路性能的影响。

(2)学会测量放大电路 A_u,R_i,R_o的方法。

(3)了解共射电路的特点。

二、预习要求

(1)阅读实验内容,了解实验项目、方法和所用仪器仪表以及注意事项。

(2)阅读相关教材中关于静态工作点 Q、电压增益 A_u、输入电阻 R_i、输出电阻 R_o的概念。

(3)运用所学的知识,估算如图 2.2.1 所示放大电路的静态工作点和其余表中的理论值。注:3DG6(绿点),$\beta = 60$。

(4)思考题:

1)通过调整(   )改变静态工作点。

2)U_{CEQ} 是(   )极和(   )极之间的电压,用(   )表测量该值。

3)U_s,U_i 和 U_o的测点在哪里?用(   )仪器测量。

4)信号发生器和实验电路以及示波器、毫伏级电压表应怎样连接?画出连接草图。

5) 负载电阻在哪里？怎样连接？

6) 输入电阻是如何测量的？电阻 R_s 接在（　　　　）之前。

7) 输出电阻是如何测量的？U_o 是（　　　　）电压，U_L 是（　　　　）电压。

三、实验仪器

(1) 模拟电路实验箱和电路板。

(2) 函数信号发生器。

(3) 交流毫伏级电压表。

(4) 示波器。

(5) 数字万用表。

四、实验线路及实验内容

实验线路如图 2.2.1 所示。接通＋12V 电源（将实验电路 U_{CC} 及接地端分别与实验箱直流稳压电压＋12V 及接地端口对应连接），检查电源连接无误后，打开电源开关。

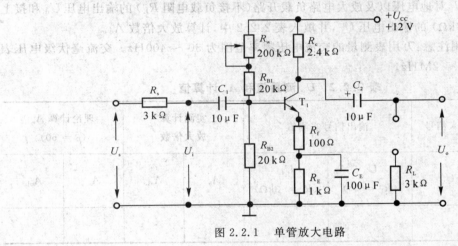

图 2.2.1　单管放大电路

1. 静态工作点 Q 的调整与测量

放大电路的静态是指没有输入信号时三极管的 U_{CEQ}，I_{BQ}，I_{CQ} 数值。电路必须设置合适的静态工作点，在直流的基础上才能进行交流信号的放大。

电流的测量需要断开电路串联电流表，所以实践中一般通过测量电阻两端的电压除以该电阻间接得到支路电流。

(1) 用万用表直流电压挡监测三极管集电极 C 与发射极 E 之间的电压，调整 R_W 可调电阻使 $U_{CEQ} = 5 \sim 6$V，这时放大电路已处于合适的静态工作点。

(2) 保持 U_{CEQ} 电压不变，测量基极-发射极电压 U_{BEQ}，集电极电阻 R_C 两端的电压 U_{R_C} 和三极管基极 B、集电极 C、发射极 E 分别对地的电压 U_{BQ}，U_{CQ}，U_{EQ}，计算 I_{CQ}，并将测量和计算结果填入表 2.2.1 中。

(3) 实验注意：万用表应选择合适量程，超量程则显示 1。

表 2.2.1 放大电路的静态值测量记录表

测量值						计算值
U_{CEQ}	U_{BEQ}	U_{R_C}	U_{EQ}	U_{BQ}	U_{CQ}	$I_{CQ} = U_{R_C}/R_C$

2. 电压放大倍数 A_u 的测量

在合适的静态工作点条件下(即保持 $U_{CEQ} = 5 \sim 6V$ 不变),交流信号 U_i 经电路放大,得到交流输出 U_o。电路交流放大倍数 $A_u = U_o/U_i$。

(1) 将信号发生器设置为 $f = 1kHz$, $U_{P-P} = 0.4V$ 的正弦信号并接到 U_s 与接地端 (GND) 之间。

(2) 用示波器监测输出波形(波形若失真,减小 U_{P-P} 使波形不失真),用交流毫伏级电压表分别测量 U_s 和 U_i 对地电压以及放大电路负载开路(不接负载电阻 R_L)的输出电压 U_o 和接上负载电阻($R_L = 3k\Omega$)的输出电压 U_L,并填入表 2.2.2 中,计算放大倍数 A_u。

(3) 仪器使用注意:万用表测量的交流电压频率范围为 $30 \sim 400Hz$。交流毫伏级电压表测量范围为 $5Hz \sim 2MHz$。

表 2.2.2 U_o 测量值和 A_u 计算值

信号源	输入信号	输出信号实测值		实测计算 放大倍数		理论计算 A_u ($\beta = 60$)	
U_s	U_i	U_o ($R_L = \infty$)	U_L ($R_L = 3k\Omega$)	A_u	A_{uL}	A_u	A_{uL}

3. 静态工作点 Q 的改变对输出波形 U_o 的影响

调整 R_w 可调电阻,静态工作电压 U_{CEQ} 将发生改变。U_{CEQ} 偏高或偏低(即静态工作点设置不合理),都会使放大电路输出波形产生非线性失真。U_{CEQ} 过高,交流输出 U_o 的波形易产生截止失真。U_{CEQ} 过低则会导致交流输出 U_o 的波形产生饱和失真。

负载电阻 $R_L = \infty$,输入 U_i 保持不变,用示波器监测输出 U_o 波形:

(1) 左旋 R_w 可调电阻,将会观察到失真的波形。记录该波形形状,并用万用表直流电压挡测量 U_{CEQ},U_{BEQ} 和 U_{R_C},计入表 2.2.3 中。

(2) 右旋 R_w 可调电阻,将会观察到另一种失真的波形。记录该波形形状,测量 U_{CEQ},U_{BEQ} 和 U_{R_C},计入表 2.2.3。

(3) 根据实验结果判断哪种是饱和失真,哪种是截止失真。

表 2.2.3　工作点的改变对放大电路的影响

R_{W} 可调电阻	Q 点的位置				U_{o} 波形	失真类型
	U_{CEQ}	U_{BEQ}	$U_{R_{\mathrm{C}}}$	$I_{\mathrm{CQ}} = U_{R_{\mathrm{C}}}/R_{\mathrm{C}}$		
左旋至波形失真						
右旋至波形失真						

4. 放大电路输入电阻 R_{i} 的测量

输入电阻测量电路如图 2.2.2 所示,放大电路的等效输入电阻 $R_{\mathrm{i}} = U_{\mathrm{i}}/I_{\mathrm{i}}$。

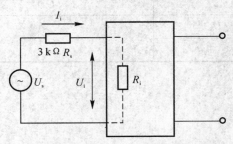

图 2.2.2　输入电阻测量电路

在放大电路的输入端串接一只阻值已知的电阻 R_{s},用毫伏级电压表分别测出 R_{s} 两端对地电压 U_{s} 和 U_{i},则

$$I_{\mathrm{i}} = \frac{U_{\mathrm{s}} - U_{\mathrm{i}}}{R_{\mathrm{s}}}$$

所以

$$R_{\mathrm{i}} = \frac{U_{\mathrm{i}}}{U_{\mathrm{s}} - U_{\mathrm{i}}} R_{\mathrm{s}}$$

(1) 在第 2 项放大倍数测量实验中(见表 2.2.2),已经测得 U_{s} 和 U_{i}。

(2) 根据实验数据完成表 2.2.4。

表 2.2.4　放大电路输入电阻 R_{i} 的测量

实测值		实验 $R_{\mathrm{i}} = \dfrac{U_{\mathrm{i}}}{U_{\mathrm{s}} - U_{\mathrm{i}}} R_{\mathrm{s}}$	理论 R_{i}
U_{s}	U_{i}		

5. 放大电路输出电阻 R_{o} 的测量

放大电路的输出可看成有源二端网络,如图 2.2.3 所示。

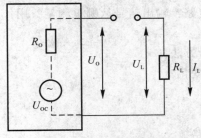

图 2.2.3　输出电阻测量电路

用毫伏级电压表测出不接负载($R_L = \infty$)时的输出电压 U_o 和接上负载($R_L = 3k\Omega$)时的输出电压 U_L，即可间接推算出输出电阻 R_o 的大小为

$$R_o = \frac{U_o - U_L}{U_L / R_L} = \left(\frac{U_o}{U_L} - 1 \right) R_L$$

（1）在第 2 项放大倍数测量实验中（见表 2.2.2），已经测得 U_o 和 U_L。

（2）根据实验数据完成表 2.2.5。

表 2.2.5　放大电路输入电阻 R_o 的测量

实测值		实验 $R_o = \left(\dfrac{U_o}{U_L} - 1 \right) R_L$	理论 R_o
U_o	U_L		

五、实验报告

（1）画出实验线路图。

（2）根据内容整理实验数据及波形图，根据实验数据和相关公式列出计算过程，将计算结果制作成表格。

（3）归纳并总结实验。

2.3　多级阻容耦合负反馈放大电路

一、实验目的

（1）了解两级阻容耦合放大电路。

（2）研究负反馈对放大电路性能的影响。

（3）掌握负反馈放大电路性能的测试方法。

二、预习要求

（1）认真阅读实验内容和要求，估计待测内容的变化趋势。

（2）若三极管的 $\beta = 60$，计算放大电路的开环与闭环的电压放大倍数。

（3）思考题：

1）实验中涉及的静态直流电压测试点在哪里？用什么表测量？

2）交流信号从哪里接入电路？输出信号从哪里测量？用什么仪器测量？

3）反馈支路在哪里？

4）频率上限和下限的测量方法。

5）加上反馈后，频带怎样变化？

三、实验仪器

（1）模拟电路实验箱和电路板。

（2）函数信号发生器。

（3）交流毫伏级电压表。

（4）示波器。

（5）数字万用表。

（6）元器件：三极管、电阻、电位器、电容。

四、实验线路及实验内容

1. 实验准备

按如图 2.3.1 所示电路连接实验电路。接通＋12V 电源（电路＋12V 和 GND 接地端与直流稳压电源对应端口连接），检查电路无误后打开电源开关。

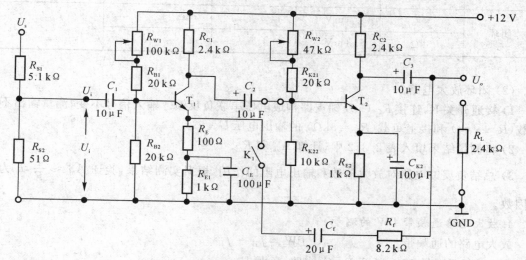

图 2.3.1　多级阻容耦合负反馈放大电路

2. 静态工作点 Q 的调整和测量

分别调整 R_{w1} 和 R_{w2}，使得 T_1 管集电极与发射极电压 U_{CE1} 和 T_2 管的集电极与发射极电压 U_{CE2} 均为 5～6V（用万用表直流电压挡监测），测量 T_1 管和 T_2 管的各极静态工作电压，计算出 I_{CQ}，将结果填入表 2.3.1 中。

表 2.3.1　放大电路的静态值

U_{CEQ1}	U_{CQ1}	$U_{R_{C1}}$	计算 I_{CQ1}	U_{CEQ2}	U_{CQ2}	$U_{R_{C2}}$	计算 I_{CQ2}

3. 负反馈放大电路开环放大倍数 A_u 和闭环放大倍数 A_{uf} 的测量

（1）开环放大电路。

1）通过开关 K_1 断开 R_f，C_f 反馈支路。

2）U_s 对地接入 $f=1\ kHz$，有效值电压 $U_s=100\ mV$（交流毫伏级电压表监测）的正弦波信号。

3）分压电路说明：因为常规测量小信号时外界干扰大，误差大，输入端 U_i 前特别设置

5.1 kΩ 和 51 Ω(实验板左侧)构成分压电路,则

$$U_i = \frac{R_2}{R_1 + R_2}U_s = \frac{51\,\Omega}{5.1\,k\Omega + 51\,\Omega}U_s = \frac{1}{100}U_s = 1\,mV$$

4)用示波器观察输出不接负载($R_L \rightarrow \infty$)和接上负载 $R_L = 3k\Omega$)的输出电压 U_o。(可用交流毫伏级电压表测),若失真,调整静态使波形不失真。

5)将测量结果填入表 2.3.2 中,根据实测值计算 A_u 和 R_o。

表 2.3.2　负反馈放大电路开环 A_u 与闭环 A_{uf}

R_f,C_f	R_L	U_i	U_o	$A_u(A_{uf})$	$R_o(R_{of})$
开环	∞	1mV			
	3kΩ	1mV			
闭环	∞	1mV			
	3kΩ	1mV			

(2)闭环放大电路。

1)接通开关 K,连接 R_f,C_f 反馈支路构成电压串联负反馈。输入信号不变,测量输出不接负载($R_L \rightarrow \infty$)和接上负载($R_L = 3k\Omega$)的输出电压 U_o。

2)将测量结果填入表 2.3.2 中,计算 A_{uf} 和 R_{of}。

3)总结负反馈电路对放大倍数和输出电阻的作用,根据实测结果,验证 $A_{uf} \approx \frac{1}{F}$,$F$ 为反馈因数。

4.放大电路通频带 BW 的测量

放大电路的通频带　　　　　　　　$BW = f_H - f_L$

(1)开环通频带 BW:断开 R_f,C_f 支路,负载 $R_L \rightarrow \infty$。

1)测量上限频率 f_H:保持输入信号 U_s(100 mV)不变,用示波器监测 U_o 的值,逐步调高输入信号的频率(即信号发生器的频率),直至 U_o 降到原来 U_o 的70%(注意用毫伏级电压表监测 U_s,要保持 $U_s = 100\,mV$ 不变),此时函数信号发生器上所显示的频率,即为放大电路的上限频率 f_H。

2)测量下限频率 f_L:逐步调低输入信号的频率,直至 U_o 降到原来 U_o 的70%,此时函数信号发生器上所显示的频率,即为放大电路的下限频率 f_L。

(2)闭环通频带 BW:接通 R_f,C_f 支路,负载 $R_L = \infty$。

测量上限频率 f_H 和下限频率 f_L,方法同上。将测量结果记入表 2.3.3 中。

表 2.3.3　负反馈放大电路的频率特性

频率特性	f_H	f_L
开环		
闭环		

5.负反馈对非线性失真的改善作用

(1)R_f,C_f 支路断开,使放大电路开环工作。同时用示波器观察输出电压 U_o 的波形,逐步

加大输入信号 U_s 的幅度,直至放大电路的 U_o 出现失真,记录失真波形和 U_s 的幅值。

(2) 保持(1)中 U_s 的幅度,将 R_f、C_f 支路接通,使放大电路闭环工作,观察 U_o 失真的波形是否得到改善,记录 U_o 的波形,从而理解负反馈能改善放大电路的非线性失真。

五、实验报告

(1) 整理实验数据,分析实验中出现的问题。

(2) 根据实验内容总结负反馈对放大电路的影响。

六、思考题

(1) 两级放大电路的静态工作点相互有影响吗?

(2) 实验中若要调整静态工作点时,是否要加反馈支路,为什么?

(3) 将实验测得的值与理论值比较,分析误差原因。

2.4　差动放大电路

一、实验目的

(1) 通过实验加深理解差动放大电路的工作原理。

(2) 学习差动放大电路的调整方法和性能指标的测试。

二、预习要求

(1) 阅读相关教材中关于差动放大电路的有关内容。

(2) 计算如图 2.4.1 所示实验线路的静态工作点及差模放大倍数 A_{ud}(设所有三极管的 $\beta = 60$)。

(3) 分别画出差模信号输入与共模信号输入的电路图。

三、实验仪器

(1) 模拟电路实验箱和电路板。

(2) 函数信号发生器。

(3) 交流毫伏级电压表。

(4) 示波器。

(5) 数字万用表。

(6) 元器件:三极管、电阻、电位器、电容。

四、实验线路及实验内容

实验线路如图 2.4.1 所示。

电源 U_{CC}(+12V) 和 U_{EE}(−12V) 以及 GND(接地)端分别与实验箱直流稳压电源相应端口连接,检查无误后打开电源开关。

电路调零:连接 A 和 B 点使输入端短路,用万用表测量 U_{C1} 和 U_{C2} 之间的电压,调整电位器

R_P,使其为零(即双端输出电压 $U_o = 0$)。

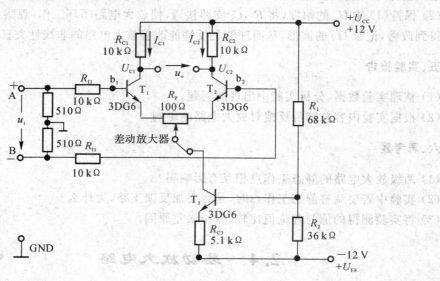

图 2.4.1　差动放大电路

1. 静态工作点的测量

用万用表测量 T_1,T_2,T_3 管各极对地电压,并记录在表 2.4.1 中。

表 2.4.1　各管的静态值

各点电位	T_1 管		T_2 管		T_3 管	
	理论计算值	实测值	理论计算值	实测值	理论计算值	实测值
U_C						
U_B						
U_E						

2. 测量差模电压放大倍数

(1) 双端输入时差模电压放大倍数 A_{ud} 的测量。

输入端接入直流电压信号 $U_A = 0.1$ V,$U_B = -0.1$ V(从实验箱直流信号源分别调得,接入电路后复测,并调整到要求值),这时加在放大电路上的差模输入电压 $U_{id} = U_A - U_B = 0.2$ V。用万用表分别测量单端输出电压 U_{oC1} 和 U_{oC2}(T_1 管和 T_2 管集电极 C 对地的电压)及双端输出电压 U_o(T_1 管和 T_2 管集电极 C 之间的电压),填入表 2.4.2 中。

按表 2.4.2 中要求计算单端输出和双端输出时的差模电压放大倍数 A_{ud}。

表 2.4.2　双端输入直流信号时差模电压放大倍数

双端输入信号		单端输出实测值		双端输出实测值
U_A	U_B	U_{oC1}	U_{oC2}	U_o
0.1V	-0.1V			

续 表

双端输入信号	单端输出实测值		双端输出实测值
	单端输出信号值		双端输出信号值
$U_{id}=U_A-U_B=$ $0.1V-(-0.1V)=$ $0.2~V$	$U_{o1}=U_{oC1}-U_{C1}$	$U_{o2}=U_{oC2}-U_{C2}$	$U_o=U_{o1}-U_{o2}$
	单端放大倍数计算值		双端放大倍数计算值
	$A_{ud1}=\dfrac{U_{o1}}{U_{id}}$	$A_{ud2}=\dfrac{U_{o2}}{U_{id}}$	$A_{ud}=\dfrac{U_{o1}-U_{o2}}{U_{id}}$

注:表中 U_{C1} 是 T_1 管的静态值。

（2）单端输入时差模电压放大倍数 A_{ud} 的测量。

1）B 端接地,A 端输入 0.2 V 直流电压信号。测量单端输出电压和双端输出电压,按表 2.4.3 要求填入表中,计算单端输入时的单端输出和双端输出的电压放大倍数 A_{ud},并与双端输入的放大倍数 A_{ud} 比较。

表 2.4.3　单端输入直流信号时的差模电压放大倍数

单端输入信号	单端输出实测值		双端输出实测值
	U_{oC1}	U_{oC2}	U_o
	单端输出信号值		双端输出信号值
$U_i=U_A=0.2V$	$U_{o1}=U_{oC1}-U_{C1}$	$U_{o2}=U_{oC2}-U_{C2}$	$U_o=U_{o1}-U_{o2}$
	单端放大倍数计算值		双端放大倍数计算值
	$A_{ud1}=\dfrac{U_{o1}}{U_i}$	$A_{ud2}=\dfrac{U_{o2}}{U_i}$	$A_{ud}=\dfrac{U_{o1}-U_{o2}}{U_i}$

2）B 端接地,A 端输入 200 mV/1 kHz 正弦波信号。分别测量 T_1 管和 T_2 管交流输出电压 U_{o1} 及 U_{o2},并与输入波形比较,观察相位。按表 2.4.4 要求填入表中,计算单端输入时的单端输出和双端输出的交流电压放大倍数 A_{ud},并与双端输入的放大倍数 A_{ud} 比较。

表 2.4.4　单端输入交流信号时的差模电压放大倍数

单端输入信号	实测值		计算值		
	单端输出信号		单端放大倍数		双端放大倍数
$U_i=200\,mV$ $f=1kHz$	U_{o1}	U_{o2}	$A_{ud1}=\dfrac{U_{o1}}{U_i}$	$A_{ud2}=\dfrac{U_{o2}}{U_i}$	$A_{ud}=\dfrac{U_{o1}-U_{o2}}{U_i}$

3.测量共模电压放大倍数

将A端和B端相连接构成共模信号输入端。调节直流信号源为0.5 V的信号接入A或B,按表2.4.5的要求测量单端输出电压U_{o1}和U_{o2},分别计算共模电压放大倍数,而后算出共模抑制比 $K_{CMR} = \left| \dfrac{A_{ud}}{A_{uc}} \right|$。

表 2.4.5　共模电压放大倍数和 K_{CMR}

共模输入信号	单端输出实测值		双端输出实测值	共模抑制比
	U_{oC1}	U_{oC2}	U_{o}	K_{CMR}
	单端输出信号值		双端输出信号值	
	$U_{o1} = U_{oC1} - U_{C1}$	$U_{o2} = U_{oC2} - U_{C2}$	$U_{o} = U_{o1} - U_{o2}$	
$U_i = 0.5\text{V}$	单端放大倍数计算值		双端放大倍数计算值	
	$A_{uC1} = \dfrac{U_{o1}}{U_i}$	$A_{uC2} = \dfrac{U_{o2}}{U_i}$	$A_{uC} = \dfrac{U_o}{U_i}$	

五、实验报告

(1) 整理实验数据,列出数据处理过程,填写表格。
(2) 比较静态、差模放大倍数的理论值与实测值。
(3) 总结差动放大电路抑制零漂的原理。

六、思考题

(1) 在差动电路实验中为什么要首先对电路"调零"? 怎么调?
(2) 当测量差动放大器双端输出时,为什么差模放大时,$U_o = U_{o1} + U_{o2}$,而共模放大时,$U_o = U_{o1} - U_{o2}$?
(3) 能否用交流毫伏级电压表跨接在U_{o1}和U_{o2}之间测双端输出? 为什么?

2.5　集成运算放大器的线性应用

一、实验目的

(1) 加深对集成运算放大器模拟运算功能的理解。
(2) 认识和学习集成运算放大电路的基本测试方法。

二、预习要求

(1) 阅读相关教材中关于集成运算放大器基本运算电路的有关章节。

（2）计算实验电路中电压跟随器、比例放大器的电压增益。

（3）计算实验电路中加法器、减法器的输出电压。

三、实验仪器

（1）模拟电路实验箱和电路板。

（2）数字万用表。

（3）元器件：集成运算放大器 741、电阻。

四、实验线路及实验内容

实验电路接 ±12V 电源（$+U_{CC}$，$-U_{CC}$ 及 GND 分别与实验箱直流稳压电源 +12V，−12V 及接地连接），检查无误后打开电源开关。

根据表中输入信号 U_i 要求，分别调整实验箱直流可调信号源对地电压，将调整好的电压接入电路并复测，测量输出 U_o，结果记入表中。

1. 电压跟随电路

实验电路如图 2.5.1 所示。按表 2.5.1 内容进行实验并记录。

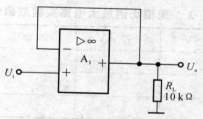

图 2.5.1　电压跟随电路

表 2.5.1　电压跟随电路实验数据记录表

直流输入信号 U_i		−2V	−0.5V	0V	+0.5V	+1V
U_o/V	理论值					
	实测值					

2. 反相比例放大电路

实验电路如图 2.5.2 所示。按表 2.5.2 内容进行实验并记录。

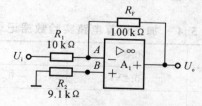

图 2.5.2　反相比例放大电路

表 2.5.2　反相比例放大电路实验数据记录表

直流输入信号 U_i	100 mV	200 mV	400 mV	0.6 V	1 V
U_o（理论值）					
U_o（实测值）					
误差 / mV					

3. 同相比例放大电路

实验电路如图 2.5.3 所示。按表 2.5.3 内容进行实验并记录。

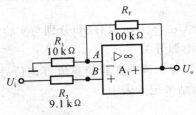

图 2.5.3　同相比例放大电路

表 2.5.3　同相比例放大电路实验数据记录表

直流输入信号 U_i	30 mV	100 mV	300 mV	0.6 V	1 V
U_o（理论值）					
U_o（实测值）					
误差 / mV					

4. 加法运算电路（反相求和放大电路）

实验电路如图 2.5.4 所示。按表 2.5.4 内容进行实验并记录。

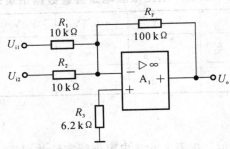

图 2.5.4　反相求和放大电路

表 2.5.4　加法运算电路实验数据记录表

	U_{i1}	0.3 V	0.5 V	−0.3 V
	U_{i2}	0.2 V	−0.1 V	0.2 V
U_o	理论值			
	实测值			

5. 减法运算电路（双端输入求和放大电路）

实验电路如图 2.5.5 所示。按表 2.5.5 内容进行实验并记录。

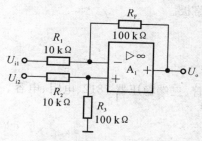

图 2.5.5　双端输入求和电路

表 2.5.5　减法运算电路实验数据记录表

U_{i1}		1V	2V	0.2V
U_{i2}		0.5V	1.8V	−0.2V
U_o	理论值			
	实测值			

五、实验报告

（1）整理实验数据，并与理论值比较。

（2）分析实验结果与理论计算产生误差的原因。

（3）总结集成运算放大器线性应用的规律。

六、思考题

（1）集成运算放大器电路对输入电压 U_i 值有无限定？

（2）如图 2.5.2 所示的 R_2 和如图 2.5.3 所示的 R_2 的作用是什么？如何确定？

2.6　集成直流稳压电源

一、实验目的

（1）深入理解桥式整流、电容滤波、串联稳压电路的工作原理。

（2）掌握稳压电源性能指标的测试方法。

二、预习要求

（1）阅读相关教材中有关整流、滤波、串联稳压的内容。

（2）熟悉稳压电源各主要指标的意义及测量方法。

（3）计算电路中 U_d 的理论值。

（4）查阅有关三端稳压器 7812 的资料，确定其输出电压。

三、实验仪器

(1) 模拟电路实验箱和电路板。

(2) 示波器。

(3) 交流毫伏级电压表。

(4) 数字万用表。

(5) 元器件:二极管、稳压管、三端稳压器7812、电阻、电容。

四、实验线路及实验内容

1.整流滤波电路

(1) 按实验电路图 2.6.1 所示接线,检查无误后接通交流电源 U_1。

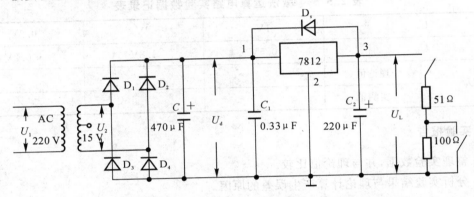

图 2.6.1　集成直流稳压电源电路

(2) 用示波器观察 U_2,U_d 和 U_L 波形,记录在表 2.6.1 中。

(3) 用万用表测量 U_2(AC),U_d(DC) 和 U_L(DC) 电压值,记录在表 2.6.1 中。

表 2.6.1　实验数据记录表

各点电压	U_2	U_d	U_L
各点波形			
实测电压 /V			

2.三端集成稳压电路的测量

(1) 测输出电压。整流、滤波电路不变,在 $R_L \to \infty$,$R_L = 51\ \Omega$,$R_L = 151\ \Omega$ 的条件下分别测量 U_d 和 U_L,记录在表 2.6.2 中。

表 2.6.2　实验数据记录表

R_L	U_d	U_L	$I_L = \dfrac{U_L}{R_L}$	纹波电压 /mV	内阻 R_o/Ω
∞					
51Ω					
151Ω					

（2）测量稳压电路的内阻 R_o。利用表 2.6.2 中的第 2,3 项值计算 $R_o = \left| \dfrac{\Delta U_L}{\Delta R_L} \right|_{U_d = 常数}$。

（3）稳压电路纹波电压的测量。测试条件为整流滤波电路不变,当 $R_L = 51\ \Omega, R_L = 151\ \Omega$ 时,用交流毫伏级电压表测量并记录于表 2.6.2 中。

*（4）测量稳压电路的稳压系数 γ。在 $R_L = 51\ \Omega$ 时分别测量 $U_1 = 220\ V, 210\ V, 230\ V$ 时的 U_d 和 U_L,并记录于表 2.6.3。

注:标有"*"项目必须外接自耦调压器。

表 2.6.3　实验数据记录表

U_1	U_2	U_d	U_L	$\gamma = \dfrac{\Delta U_L / U_L}{\Delta U_d / U_d}$
220V				
210V				
230V				

五、实验报告

（1）整理实验数据和波形图,计算 R_o 和 γ 等参数。

（2）比较 U_d 的理论值和实测值,说明产生误差原因。

六、思考题

（1）在使用三端集成稳压器件时,为什么要在 1 与 3 端接一反向二极管?

（2）根据 R_L 不同,U_d 也变化的现象,分析电容滤波适用的条件。

2.7　二极管、三极管的认识

一、实验目的

（1）熟悉二极管的工作原理及二极管电路。

（2）了解三极管的电流放大的作用。

二、预习要求

（1）阅读相关教材中二极管工作原理及二极管电路分析方法的有关章节。

（2）阅读相关教材中关于硅稳压管工作原理的内容。

（3）阅读相关教材中有关共射接法、三极管电流放大作用的内容。

（4）根据本实验提供的线路,运用上述理论分析输出电压波形。

三、实验仪器及材料

（1）模拟电路实验箱和电路板。

（2）示波器。

（3）数字万用表。

（4）元器件：二极管、稳压管、三极管、电阻、电容。

四、实验线路及实验内容

1. 二极管电路

（1）二极管的单向导电性。如图 2.7.1 所示为二极管电路，电源为 50 Hz，15 V 正弦交流。按图接线，用示波器观察并记录 U_i 和 U_L 的波形，理解二极管的单向导电性。

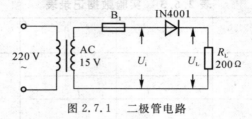

图 2.7.1　二极管电路

（2）二极管桥式整流电路。如图 2.7.2 所示为桥式整流电路，电源为 50 Hz，15 V 正弦交流。按图接线，用示波器观察并记录 U_i 和 U_L 的波形，并与（1）比较，试说明工作原理。

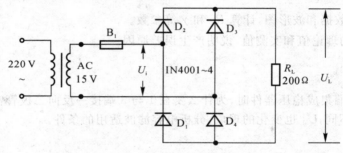

图 2.7.2　桥式整流电路

2. 稳压管电路

（1）稳压管的稳压作用。按图 2.7.3 所示接线，电源用直流可调 24 V。首先，调整电源电压（$U_i = 10$ V），观察负载变化时稳压管的稳压作用，即改变负载电阻，用数字万用表测量 U_L，并做记录。

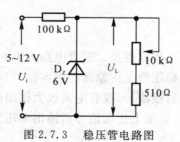

图 2.7.3　稳压管电路图

另外，当负载不变时，观察电源电压变化时稳压管的稳压性能，将电源电压按表 2.7.1 顺序调节，测量对应的 U_L 并填入表中。

表 **2.7.1**　**实验数据记录表**

U_i	8V	9V	10V	11V	12V
U_L					

（2）稳压管的削波作用。实验电路如图 2.7.4 所示，电源电压为 50 Hz，15 V 交流电压，用示波器观察并记录 U_i 和 U_L 的波形。对照稳压管的伏安特性，理解稳压管与二极管的异同。

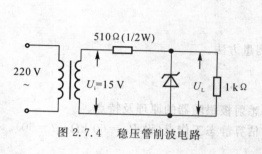

图 2.7.4　稳压管削波电路

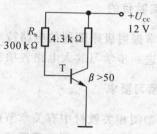

图 2.7.5　三极管放大电路

3. 三极管的放大原理

（1）按图 2.7.5 所示接线，电源为直流 12 V。

（2）用万用表测量 U_{CC}，U_{be}，U_{cb}，U_{ce}。计算 I_b，I_c 及 $\beta=\dfrac{I_c}{I_b}$，填入表 2.7.2 中。

（3）保持 U_{CC}，改变 R_b（$R_b=510$ kΩ），用万用表测量 U_{CC}，U_{be}，U_{cb}，U_{ce}。计算 I_b，I_c 及 $\beta=\dfrac{I_c}{I_b}$，填入表 2.7.2 中。

表 **2.7.2**　**实验数据记录表**

R_b	U_{be}	U_{cb}	U_{ce}	$I_b=\dfrac{U_{CC}-U_{be}}{R_b}$	$I_c=\dfrac{U_{CC}-U_{ce}}{R_c}$	$\beta=\dfrac{I_c}{I_b}$
300kΩ						
510kΩ						

（4）比较两次实验结果，理解 I_b 对 I_c 的控制作用，即三极管的电流放大作用。

五、实验报告

（1）绘制波形图，注意对应关系，填写实验表格。

（2）分析实验结果，对照相关教材中相应习题内容，加深对二极管、稳压管、三极管工作原理的理解。

（3）总结上述半导体器件在电路中的作用。

六、思考题

（1）在二极管电路中，当电源的频率由 50 Hz 增到 200 Hz 时，输出波形 U_L 是否有变化；当电源频率变到 10 kHz 时，U_L 波形又如何，为什么？

（2）在稳压管电路中，将限流电阻（510 Ω）与稳压管 D_z 位置对调，U_L 的波形将是什么？

（3）在三极管电路中，减小 R_b 会使 U_{ce} 下降，当 $U_{ce} \leqslant 0.7$ V 时，三极管还有放大作用吗？为什么？

2.8　射极跟随器

一、实验目的

（1）掌握射极跟随器的电路特点。

（2）进一步学习放大电路各项参数的测量方法。

二、预习要求

（1）参阅相关教材中有关章节内容，熟悉射极跟随器的原理及特点。

（2）根据图 2.8.1 所示元器件的参数，估算静态工作点（设 $R_b = 60$ kΩ，$\beta = 60$）。

三、实验仪器及材料

（1）模拟电路实验箱和电路板。

（2）示波器。

（3）函数信号发生器。

（4）交流毫伏级电压表。

（5）数字万用表。

（6）元器件：三极管、电阻、电位器、电容。

四、实验线路及实验内容

1.射极跟随器电路图

射极跟随器电路图按图 2.8.1 所示接线。

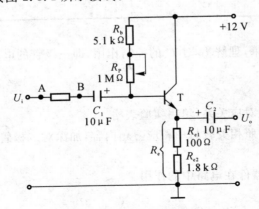

图 2.8.1　射极跟随器电路图

2. 静态工作点的调整

将 U_{CC} 接＋12V，用万用表测量 R_e 电阻两端电压，调整电位器 R_p，使其为5 V，再测量三极管各极对地电位 U_B，U_C，U_E 并计算 I_E 值，填入表2.8.1中。

表 2.8.1 实验数据记录表

U_B	U_C	U_E	$I_E = \dfrac{U_E}{R_e}$

3. 测量电压放大倍数 A_u

接入负载 $R_L = 1\ \mathrm{k\Omega}$，在B点加入 $f = 1\ \mathrm{kHz}$ 的正弦波信号，调整输入信号 U_i 的幅度（此时应保持前面已确定的静态工作点），用示波器观察 U_o，在 U_o 最大不失真的情况下，用毫伏级电压表测 U_i 和 U_o 值，计算 $A_u = \dfrac{U_o}{U_i}$。

4. 测量输出电阻 R_o

在B点加入 $f = 1\ \mathrm{kHz}$，$U_i = 100\ \mathrm{mV}$ 的正弦波信号，在输出端接入负载电阻 $R_L = 2.2\ \mathrm{k\Omega}$，用示波器观察 U_o 波形应不失真，用毫伏级电压表测量加负载时的输出电压 U_L。然后，断开负载，测量空载时的输出电压 U_o，则可计算出 $R_o = \left(\dfrac{U_o}{U_L} - 1\right) R_L$。

5. 测量放大电路输入电阻 R_i

在输入端串入电阻 $R_1 = 5.1\ \mathrm{k\Omega}$，在A点加入 $f = 1\ \mathrm{kHz}$ 的正弦波信号，逐步增大输入信号 U_i 的幅度，用示波器观察 U_o 波形最大不失真，用毫伏级电压表分别测点 A，B 对地电位，即 U_A 和 U_B，则可计算出：

$$R_i = \dfrac{U_B}{U_A - U_B} R_1$$

6. 测射极跟随器的跟随特性

接入负载 $R_L = 2.2\ \mathrm{k\Omega}$，在点B加入 $f = 1\ \mathrm{kHz}$ 的正弦波信号，逐步增大输入信号 U_i 的幅度，用示波器监视 U_L，在波形不失真的情况下，用毫伏级电压表测出 U_L 的值，计算出 A_u，将所测数据填入表2.8.2中。

表 2.8.2 实验数据记录表

序号 U 和 A_u	1	2	3	4
U_i				
U_L				
A_u				

五、实验报告

（1）整理实验数据，填写实验表格。

（2）将实验结果与理论计算结果比较，分析产生误差的原因。

（3）分析实验结果，对照相关教材中相应内容，加深对射极跟随器特性的理解。

六、思考题

（1）为什么说射极跟随电路具有电压跟随的能力？

（2）既然射极跟随器的电压增益小于1（接近于1），那么它在电子电路中能起什么作用？

2.9　场效应管放大电路

一、实验目的

（1）了解结型场效应管（JFET）放大电路的特点。

（2）学习场效应管放大电路的调试与测量方法。

二、预习要求

（1）阅读相关教材中有关结型场效应管（JFET）的内容。

（2）根据实验电路计算静态工作点及 R_i，R_o（设 $I_{DSS}=10$ mA，$U_p=-9$ V）。

三、实验仪器及材料

（1）模拟电路实验箱和电路板。

（2）函数信号发生器。

（3）交流毫伏级电压表。

（4）示波器。

（5）数字万用表。

（6）元器件：N 沟道结型场效应管 3DJ7、电阻、电位器、电容。

四、实验线路及实验内容

1. 按图 2.9.1(a) 或(b)所示接线（任选一种）

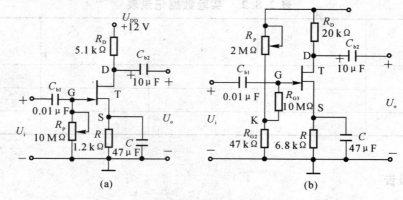

图 2.9.1　场效应管放大电路

2. 调试静态工作点

用万用表测量 U_D，U_S，通过调节 R_p 使 $U_{DS} = U_D - U_S = 6$ V，计算 I_D，所得数据填入表2.9.1中。

3. 测量 A_u

输入端加 $U_i = 10$ mV，$f = 1$ kHz 的正弦波信号，用示波器监视 U_o，不应产生失真，如有失真，可适当调整 U_i 的幅度。

（1）当 $R_L \to \infty$ 时，使用交流毫伏级电压表测量 U_i 与 U_o，并计算 A_u，将计算结果填入表2.9.1中。

（2）当 $R_L = 20$ kΩ 和 $R_L = 10$ kΩ 时，使用交流毫伏级电压表分别测量 U_i 与 U_o，计算各自的 A_u，填入表2.9.1中。

表 2.9.1　实验数据记录表

序号	R_L	静态工作点				动态 $U_i = 10$mV，$f = 1$kHz		
		U_D	U_S	U_{DS}	I_D	U_i	U_o	A_u
1	∞					10 mV	$U_{o1} =$	
2	20kΩ					10 mV	$U_{o2} =$	
3	10kΩ					10 mV	$U_{o3} =$	

4. 测量 R_i

在输入端接入电阻 $R = 500$ kΩ，如图 2.9.2 所示，信号源保持 $U_i = 10$ mV，$f = 1$ kHz，测量空载输出 U_{o4}，记入表 2.9.2 中。则输入电阻 $R_i = \dfrac{U_{o4}}{U_{o1} - U_{o4}} R$，式中 U_{o1} 为表 2.9.1 中第 1 项（$R_L \to \infty$）时的 U_o。测量原理可阅读本书第 1 章 1.3 节中有关放大电路相关参数测量方法的内容。

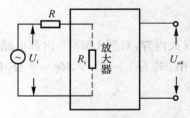

图 2.9.2　输入电阻测量电路

表 2.9.2　实验数据记录表

测试条件	U_{o1}	U_{o4}	$R_i = \dfrac{U_{o4}}{U_{o1} - U_{o4}} R$	理论值
$U_i = 10$mV，　$f = 1$kHz $R = 500$kΩ，　$R_L \to \infty$				

5. 计算 R_o

利用表 2.9.2 中的第 1，3 项测量结果，计算 R_o 并填入表 2.9.3 中。$R_o = \dfrac{U_{o1} - U_{o3}}{U_{o3}} R_L$，其

中 $R_L = 10 \ k\Omega$。

表 2.9.3　实验数据记录表

测试条件	U_{o1}	U_{o3}	$R_o = \dfrac{U_{o1} - U_{o3}}{U_{o3}} R_L$	理论值
$U_i = 10\,mV,\quad f = 1kHz$				

五、实验报告

(1) 整理实验数据,分析讨论。

(2) 计算 R_i，R_o 值并与理论估算值比较。

六、思考题

(1) 如何用简易方法测量结型场效应管的 I_{DSS}？

(2) 当测量静态工作点时,为什么不能用万用表测量栅极电压 U_G？

2.10　功率放大电路

一、实验目的

(1) 了解集成功率放大电路与分立元件放大电路的区别,熟悉集成功率放大电路的特点。

(2) 熟悉集成功率放大电路的各管脚功能。

(3) 掌握集成功率放大电路的主要性能指标及测量方法。

二、预习要求

(1) 复习功率放大电路的有关内容,对照 LM386 内部电路,分析电路工作原理。

(2) 在图 2.10.3 所示电路中,若 $U_{CC} = 12 \ V$,$R_L = 8 \ \Omega$,估算该电路的最大输出功率是多少。

三、实验仪器及材料

(1) 模拟电路实验箱和电路板。

(2) 函数信号发生器。

(3) 交流毫伏级电压表。

(4) 示波器。

(5) 数字万用表。

(6) 元器件:集成功率放大器 LM 386、电阻、电位器、电容。

(7) LM386 简介:该电路具有静态电流小,失真度低,电压增益可调,低功耗及外接元件少等特点。运用于调频/调幅收音机、对讲机、便携式录音机等作音频功率放大器。LM386 的内部电路如图 2.10.1 所示,其管脚排列如图 2.10.2 所示。

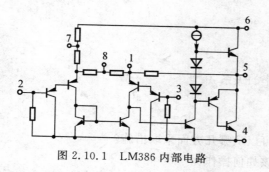

图 2.10.1 LM386 内部电路

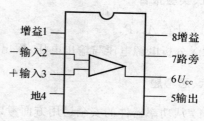

图 2.10.2 LM386 管脚图

四、实验线路及实验内容

（1）按图 2.10.3 所示搭接好电路，$U_{cc}=+12$ V，开关 K 闭合。不加输入信号时测量输出端（5 脚）对地的静态工作电压 U_5（U_5 约为 $\dfrac{U_{cc}}{2}$）。

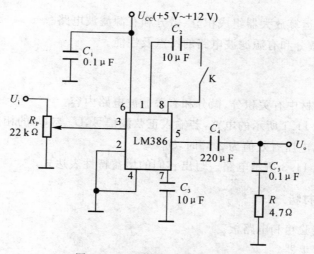

图 2.10.3 集成功率放大电路

（2）测量电压放大倍数：在输入端（3 脚）接 $U_i=10$ mV，$f=1$ kHz 的正弦波信号，用示波器观察输出电压 U_o 的波形，逐渐调大 U_i 的幅度，直至输出电压 U_o 最大且不失真为止，记录此时输入电压 U_i、输出电压 U_o 幅值及相应波形，计算 A_u 和 P_o。

（3）去掉 1 脚和 8 脚之间的 10 μF 电容（即断开 K），重复上述内容。

（4）改变电源电压 U_{cc}（选 5 V，9 V），重复上述实验。

（5）将测量与计算结果填入表 2.10.1 中。

表 2.10.1 实验数据记录表

U_{cc}	静态 U_5	U_i	U_o	A_u	P_o
12V					
12V（去掉 10 μF 电容）					
9V					
5V					

五、实验报告

(1) 计算 A_u，P_o。

(2) 分析电源电压与输出电压、输出功率的关系。

六、思考题

(1) 从功率器件的安全运用方面考虑,可以从哪几方面采取措施?

(2) 若在实施中要求测试电源功率,应该如何操作?

2.11 集成运算放大器的应用

一、实验目的

(1) 学会用集成运算放大器组成积分、微分和有源滤波电路。

(2) 掌握积分、微分和有源滤波电路的特点及性能。

二、预习要求

(1) 预习相关教材中有关积分、微分和有源滤波电路内容。

(2) 分析如图 2.11.1 所示的电路,若输入正弦波信号,U_o 与 U_i 的相位差是多少? 当输入信号频率为 100 Hz,电压有效值为 2 V 时,U_o =?

(3) 分析如图 2.11.3 所示电路。写出它们的增益特性表达式。

三、实验仪器和材料

(1) 模拟电路实验箱和电路板。

(2) 函数信号发生器。

(3) 交流毫伏级电压表。

(4) 示波器。

(5) 数字万用表。

(6) 元器件:集成运算放大器 LM741、电阻、电位器、电容。

四、实验线路及实验内容

(1) 积分电路按图 2.11.1 所示连接。

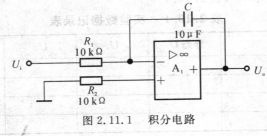

图 2.11.1　积分电路

1）输入 U_i 为正弦波信号，幅度为 2 V，频率分别为 100 Hz 和 1 kHz，用双踪示波器观察 U_i 和 U_o 的波形，并记录幅度和输入、输出波形的相位关系（绘波形图）。

2）输入 U_i 为方波信号，幅度为 2 V，频率分别为 100 Hz 和 1 kHz，用双踪示波器观察 U_i 和 U_o 的波形，并记录幅度和输入、输出波形的相位关系。

3）改变积分电容 C 的电容量使其为 0.1 μF，重复以上步骤。

（2）微分电路按图 2.11.2 所示连接。

1）输入 U_i 为正弦信号，其幅度为 2 V，频率分别为 100 Hz 和 1 kHz，用双踪示波器观察 U_i 和 U_o 的波形，并记录幅度和输入、输出波形的相位关系。

2）输入 U_i 为方波信号，幅度为 2 V，频率分别为 100 Hz 和 1 kHz，用双踪示波器观察 U_i 和 U_o 的波形，并记录幅度和输入、输出的相位关系。

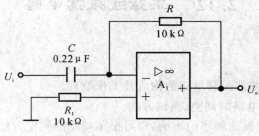

图 2.11.2　微分电路

（3）一阶有源滤波电路按图 2.11.3(a) 或(b) 所示接线（任选一种），其中反馈电阻 R_F 选用 20 kΩ。按表 2.11.1 内容进行测量和记录。

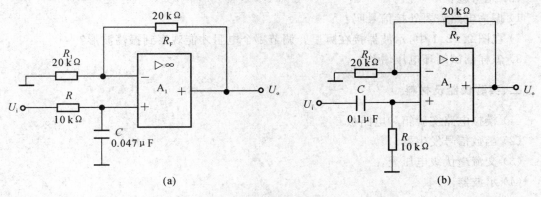

图　2.11.3

(a) 有源低通滤波电路；　(b) 有源高通滤波电路

表 2.11.1　实验数据记录表

U_i/V	1	1	1	1	1	1	1	1	1	1
f/Hz	50	100	130	150	170	200	250	300	350	400
U_o/V										

五、实验报告

(1) 总结积分、微分电路的特点,整理实验中的数据及波形。

(2) 总结低通、高通滤波电路的特点,整理实验数据,画出频率特性曲线(即 $U_o = U(f)$)。

(3) 将测量数据与理论计算值对比,分析误差及其产生的原因。

六、思考题

(1) 微分电路对高频噪声特别敏感,输出噪声可能完全淹没微分信号。如何改进微分电路?

(2) 什么叫无源和有源滤波电路?

2.12　正弦波振荡电路

一、实验目的

(1) 掌握 RC 桥式正弦波振荡电路的构成及工作原理。

(2) 熟悉正弦波振荡电路的调整、测试方法。

(3) 观察 R,C 参数对振荡频率的影响,学习振荡频率的测定方法。

二、预习要求

(1) 复习 RC 桥式振荡电路的工作原理。计算电路振荡频率的理论值填入表 2.12.1 中。

(2) 思考题:

1) 振荡电路需要外接信号吗?

2) 在图 2.12.1 中,示波器接在哪里?调节哪个电阻才能观察到振荡波形?

3) 怎样测试闭环电压增益?

三、实验仪器及材料

(1) 模拟电路实验箱和电路板。

(2) 函数信号发生器。

(3) 交流毫伏级电压表。

(4) 示波器。

(5) 数字万用表。

四、实验线路及实验内容

实验电路如图 2.12.1 所示。

1. 实验准备

电路由三部分组成:

(1) 左端 15 kΩ 电阻和 0.01μF 电容组成选频网络。

(2) T₁ 管和 T₂ 管组成放大电路。

(3) 反馈电阻 R_f。

实验板电路中的三条虚线两端对应相连构成完整电路。检查电路正确后接通 +12V 电源。

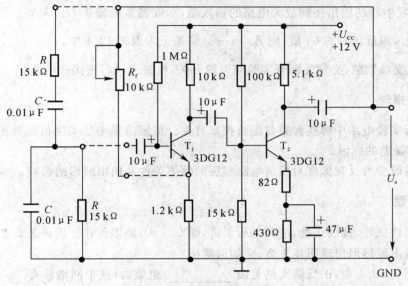

图 2.12.1　RC 桥式振荡电路

2. 振荡电路的调节及测量

(1) 用示波器监测输出,调节 R_f 观察输出波形使 U_o 无明显失真。

(2) 记录波形,测量输出电压 U_{o1} 及频率 f_{o1},结果记入表 2.12.1 中,与理论频率值 f 比较。

表 2.12.1　实验数据记录表

波　形	理论 f	实测 f_{o1}	实测 U_{o1}	U_i	A_{uf}

(3) 测定放大电路的闭环电压增益 A_{uf}。

1) 断开选频网络与放大器连接的两条线,构成如图 2.12.2 所示的闭环增益测量电路。

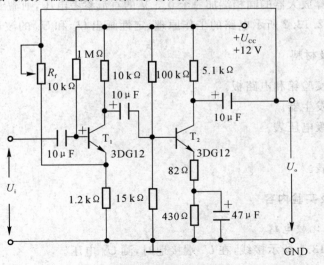

图 2.12.2　闭环增益测量电路

2）调节信号发生器的频率等于振荡电路的振荡频率 f_{o1}，电压调到最小。

3）信号发生器的输出接到放大电路的输入端，示波器监测输出 U_o，调节信号发生器的幅度使 $U_o = U_{o1}$，测量此时的 U_i 值，则 $A_{uf} = \dfrac{U_o}{U_i}$，结果记入表 2.12.1 中。

注意：改变参数前，必须先断开实验箱电源开关，检查无误后再接通电源。

五、实验报告

（1）分析实验电路中哪些参数与振荡频率有关。将振荡频率的实测值与理论估算值作比较，分析产生误差的原因。

（2）总结改变负反馈深度对振荡电路起振的幅值条件及输出波形的影响。

六、思考题

（1）若元件完好，接线正确，电源电压正常，而 $U_o = 0$，原因何在？ 应该怎么办？

（2）有输出波形但出现明显失真，应如何解决？

（3）在图 2.12.1 中，正反馈支路是由_____组成的，这个网络具有_____特性，要改变振荡频率，只要改变_____或_____的数值即可。

2.13   集成运算放大器的非线性应用

一、实验目的

（1）掌握电压比较电路和非正弦波形产生电路的特点和分析方法。
（2）熟悉集成运算放大器的非线性应用。

二、预习要求

（1）分析如图 2.13.1 所示电路的工作原理，若输入 U_i 为 1 V 的正弦波，试画出输出 U_o 的波形图。若在集成运算放大器的同相端加一个 0.5 V 的直流参考电压，则输出 U_o 将如何变化？

（2）分析如图 2.13.2 所示电路的工作原理，定性画出 U_o 和 U_c 的波形图。

三、实验仪器及材料

（1）模拟电路实验箱和电路板。
（2）函数信号发生器。
（3）交流毫伏级电压表。
（4）示波器。
（5）数字万用表。

四、实验线路及实验内容

1. 电压（过零）比较电路
（1）按如图 2.13.1 所示接线，在 U_i 端接地时，测 U_o 电压。

（2）U_i 输入 100 Hz 有效值为 1 V 的正弦波，用示波器观察、比较 U_i 和 U_o 的波形并记录。

（3）改变 U_i 幅值，观察 U_o 变化。

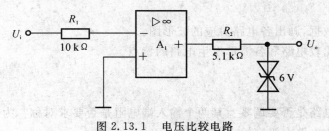

图 2.13.1　电压比较电路

2. 方波发生电路

（1）按如图 2.13.2 所示电路接线，用示波器观察、比较 U_c 和 U_o 的波形及频率并记录，与理论计算值作比较。

（2）分别测出 $R = 10\ \text{k}\Omega$ 和 $R = 110\ \text{k}\Omega$ 时的输出幅值 U_o 和频率 f_o。

（3）要想获得更低的频率应如何选择电路参数？试利用实验箱上给出的元器件进行实验，并观测之。

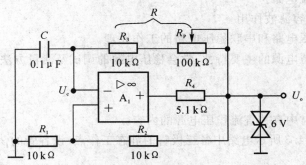

图 2.13.2　方波发生电路

3. 占空比可调的矩形波发生电路

（1）按如图 2.13.3 所示电路接线，用示波器观察、测量电路的振荡频率 f_o、幅值 U_o 及占空比（电位器 $1R_p$，$2R_p$ 的滑动端处于中间位置）。

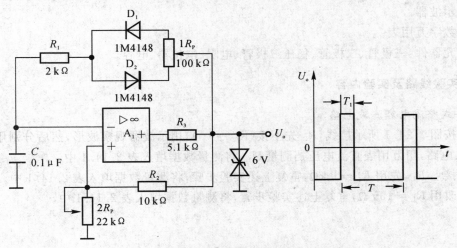

图 2.13.3　占空比可调的矩形波发生电路

(2) 调节 $1R_p$，$2R_p$，观察 U_o，说明这两个电位器分别起什么作用。

五、实验报告

(1) 整理实验数据，画出各电路对应的波形图。

(2) 总结电压比较电路和各波形发生电路的特点。

六、思考题

(1) 电压比较电路是否要调零？其两个输入端电阻是否要求对称？为什么？

(2) 各波形发生电路有没有输入端？

2.14 分立器件的直流稳压电源

一、实验目的

(1) 熟悉桥式整流电路。

(2) 观察、理解电容滤波作用。

(3) 了解并联稳压电路和串联稳压电路的工作原理。

(4) 深入了解稳压电源的主要特性，学会稳压电源的调试及测量方法。

二、预习要求

(1) 阅读相关教材中有关直流稳压电源的内容。

(2) 估算如图 2.14.3 所示电路中各三极管的静态工作点（设各管的 $\beta = 60$，电位器 R_p 滑动端处于中间位置）。

三、实验仪器及材料

(1) 模拟电路实验箱和电路板。

(2) 交流毫伏级电压表。

(3) 示波器。

(4) 数字万用表。

(5) 元器件：三极管、二极管、稳压二极管、电阻、电位器、电容。

四、实验线路及实验内容

1. 桥式整流电容滤波电路

(1) 按图 2.14.1 所示接线，R_L 先不接（$R_L \rightarrow \infty$），用示波器观察波形，然后分别用不同的电容接入电路，用万用表直流电压挡测量 U_L，将测量数据填入表 2.14.1 中。

(2) 接上 R_L，先用 $R_L = 1\ \text{k}\Omega$，重复上述实验步骤，将测量数据填入表 2.14.1 中。

(3) 改用 $R_L = 150\ \Omega$，重复上述实验步骤，将测量数据填入表 2.14.1 中。

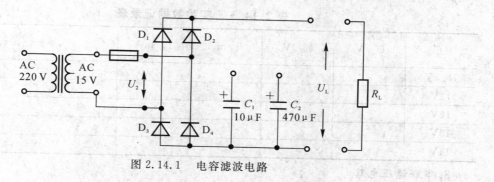

图 2.14.1　电容滤波电路

表 2.14.1　实验数据记录表

C ＼ U_L/V ＼ R_L	∞	$1\text{ k}\Omega$	150Ω
10 μF			
470 μF			

2. 并联稳压电路

（1）按图 2.14.2 所示接线,电源电压接 10 V 直流电压,保持不变。负载变化时测测电路的稳压性能,改变负载电阻, $R_L=6\text{ k}\Omega$,1.2 kΩ,600 Ω 时,测量 U_L 和 U_R,计算 I_L,I_R。将数据填入表 2.14.2 中。

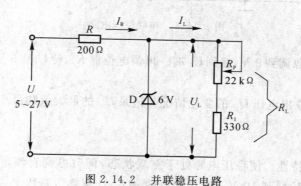

图 2.14.2　并联稳压电路

表 2.14.2　实验数据记录表

R_L	U_L/V	U_R/V	I_L/mA	I_R/mA
6kΩ				
1.2kΩ				
600Ω				

（2）负载不变,电源电压变化时测电路的稳压性能。用可调的直流电压变化模拟电网电压变化,直流电源电压调至 10 V,然后逐步调到 10.5 V,11 V,12 V,13 V,14 V,按表 2.14.3 内容填入测量值,并计算 I_L,I_R 和稳压系数 γ。

表 2.14.3   实验数据记录表

U_i	U_L/V	U_R/V	I_L/mA	I_R/mA	$\gamma = \dfrac{\Delta U_o/U_o}{\Delta U_i/U_i}$
10.5V					
11V					
12V					
13V					
14V					

3. 串联稳压电路

（1）静态调试。

1）按图 2.14.3 所示接线，负载 R_L 开路，即稳压电源空载。

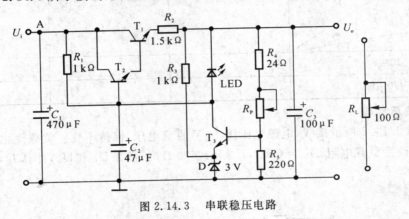

图 2.14.3   串联稳压电路

2）将可调直流电源调到 9 V，接到 U_i 端。再调电位器 R_p，使 U_o = 6 V，测量各三极管的工作点。

3）调节 R_p，观察输出电压 U_o 的变化情况。记录 U_o 的最大值和最小值，即得到输出电压的调节范围。

（2）动态测量。

1）测量电源稳压特性。使稳压电源处于空载状态，调节可调直流电源，模拟电网电压波动 $\pm 10\%$，即 U_i 由 8 V 变到 10 V。测量相应的 ΔU_o，计算稳压系数 γ。

2）测量稳压电源内阻。调节 U_i = 9 V，保持不变，在稳压电源的负载分别为 $R_L \to \infty$ 和 R_L = 100 Ω 时，测量输出电压 U_o 的变化，再由公式 $I_L = \dfrac{U_o}{R_L}$ 计算出负载电流，即可求出电源内阻 $R_o = \left| \dfrac{\Delta U_o}{\Delta I_L} \right|$。

表 2.14.4   实验数据记录表

U_i = 9V	U_o	$I_L = \dfrac{U_o}{R_L}$	$R_o = \left\| \dfrac{\Delta U_o}{\Delta I_L} \right\|$
$R_L \to \infty$			
R_L = 100Ω			

3）测量输出的纹波电压。给如图 2.14.3 所示的电路加入整流滤波电路，即接入如图 2.14.4 所示的电路（即接通 A－a，B－b），在负载电阻 R_L＝100 Ω 的条件下，用示波器观察稳压电源输出端的交流分量 u_o，描绘其波形。用交流毫伏级电压表测量交流分量。

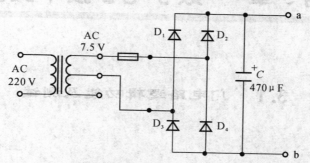

图 2.14.4　整流滤波电路（用于测纹波电压）

五、实验报告

（1）整理实验数据，计算有关参数。
（2）比较并联稳压电路与串联稳压电路的不同特点。

六、思考题

（1）当整流二极管的反向电阻不够大，而正向电阻较大时，对整流效果会产生什么影响？
（2）串联反馈式稳压电路由哪几部分组成？请结合上述实验说明其各部分的功能。

第3章 数字电子技术实验

3.1 门电路逻辑功能及测试

一、实验目的

(1) 熟悉门电路的逻辑功能；

(2) 学习门电路的使用。

二、预习要求

(1) 观察数字电路实验箱面板结构(见第6章)。

(2) 熟悉数字集成电路 74LS32 和 74LS00 的引脚图(见图 3.1.1、图 3.1.2)。

(3) 根据实验内容预习实验(写出逻辑函数表达式,画出逻辑电路图)。

(4) 作出实验表格中的理论结果。

(5) 思考题：

1)1 个与非门怎样构成非门?

2)2 个与非门怎样构成与门?

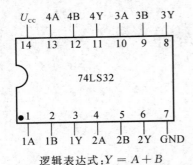

逻辑表达式：$Y = A + B$

图 3.1.1 二-四或门 74LS32 引脚图

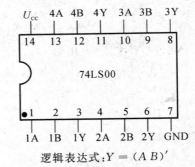

逻辑表达式：$Y = (A B)'$

图 3.1.2 二-四与非门 74LS00 引脚图

三、实验仪器及材料

(1) 数字电路实验箱 1 台。

(2) 万用表 1 块。

(3) 示波器 1 台。

(4) 二输入端四或门 74LS32 1 片。

(5) 二输入端四与非门 74LS00 2 片。

四、实验内容

1.74LS00 与非门逻辑功能测试

操作说明：

1）U_{CC} 接 ＋5V，GND 接电源地。

2）门输入端接电平给定开关插孔。

3）门输出端接电平显示灯插孔。

实验要求：

1）按照表 3.1.1 所列内容逐一检测每个门的逻辑功能，将结果记入表中。

2）根据测试结果判断与非门是否损坏。

表 3.1.1　与非门逻辑功能检测表

输　　入		输　　出	
		3	
1	2	理　　论	测　　试
0	0		
0	1		
1	0		
1	1		

2. 逻辑电路的逻辑关系

(1)74LS32 或门和 74LS00 与非门构成的电路。

操作说明：

1）U_{CC} 接 ＋5V，GND 接电源地，按图 3.1.3 所示连接电路。

2）门输入端 A,B,C,D 接电平给定开关插孔。

3）与非门的二个输入端相接构成非门。

4）门输出端 Y_1,Y_2,Y_3,Y 接电平显示灯插孔。

实验要求：

1）根据电路写出 Y_1,Y_2,Y_3,Y 的逻辑函数表达式。

2）按照表 3.1.2 所列内容逐一检测每个门的逻辑功能，将结果记入表中。

3）根据测试结果判断门是否损坏。

问题回答：

如图 3.1.3 所示电路中输出 Y 和输入 A,B,C,D 构成的是（　　　　　）逻辑关系。

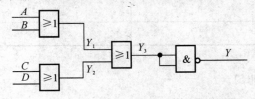

图 3.1.3　或门和与非门构成的电路

表 3.1.2　图 3.1.3 电路逻辑功能检测表

输入				输出							
				Y_1		Y_2		Y_3		Y		电压 /V
A	B	C	D	理论	测量	理论	测量	理论	测量	理论	测量	万用表直流电压挡测
0	0	0	0									
1	0	0	0									
1	1	0	0									
1	1	1	0									
1	1	1	1									
0	1	0	1									

（2）用 74LS00 中的与非门构成的电路。

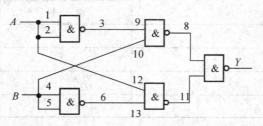

图 3.1.4　用 5 个与非门构成的电路

实验要求：

1）根据图 3.1.4 所示搭接电路。

2）根据电路写出输出 Y 的逻辑函数表达式。

3）根据表 3.1.3 测试电路的逻辑功能，并记录结果。

4）结论：如图 3.1.4 所示的电路输出 Y 和输入 A，B 间构成的是（　　　）逻辑关系。

表 3.1.3　图 3.1.4 电路逻辑功能测试表

输入		输出	
		Y	
A	B	理论	测试
0	0		
0	1		
1	0		
1	1		

（3）用与非门构成或非门。

实验要求：

1）将或非门的逻辑函数表达式 $Y = (A + B)'$ 转化为与非的形式。

2）根据与非表达式画出电路逻辑图。

3）根据电路图搭接电路。

4）将测试结果记入表 3.1.4 中，验证或非的逻辑关系。

提示：与非门再非构成与门。

表 3.1.4　与非门构成的或非门逻辑功能测试表

输　　入		输　　出	
		Y	
A	B	理　论	测　试
0	0		
0	1		
1	0		
1	1		

3. 选做实验

选做实验一：用与非门构成同或门。

实验要求：

1）将同或门的逻辑函数表达式转化成与非的形式。

2）根据与非表达式画出电路图。

3）根据电路图搭接电路。

4）将测试结果记入表 3.1.5 中，验证 Y 与 A，B 是同或的逻辑关系。

表 3.1.5　与非门构成的同或门逻辑功能测试表

输　　入		输　　出	
		Y	
A	B	理　论	测　试
0	0		
0	1		
1	0		
1	1		

选做实验二：这是一个或门和一个与非门构成的电路，如图 3.1.5 所示。C 端的脉冲取自实验箱上的 1 kHz，当 AB 分别为 00，01，10，11 时，用示波器观察 Y 的现象，记录并总结实验。

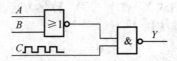

图 3.1.5　一个或门和一个与非门构成的电路

五、实验报告

(1) 按照实验内容整理报告。

(2) 对每项内容进行分析总结。

六、思考题

(1) 怎样判断门电路是否正常工作？

(2) 利用或门控制输出，在控制端如何加控制信号？

(3) 利用与非门控制输出，在控制端如何加控制信号？

(4) 分析导致门电路不能正常工作的几种原因。

(5) 怎样用一个异或门构成非门？画出电路图。

3.2　组合逻辑电路

一、实验目的

(1) 了解译码器、数据选择器等中规模数字集成电路的性能及使用方法。

(2) 用集成译码器或数据选择器设计简单的逻辑函数发生器。

二、预习要求

(1) 熟悉芯片引脚图，明确各引脚的作用，深入了解芯片功能。

(2) 按照题目和要求于实验前完成真值表、函数式及逻辑电路图设计。

(3) 画出芯片引脚图接线电路。

(4) 思考题：

1) 74LS138 的 S_1 端接"0"，译码器能否译码？

2) 74LS151 的 S' 端接"0"选通还是接"1"选通？

3) 3 线-8 线译码器 74LS138 在译码时 S_1，S'_2，S'_3 哪个接"1"，哪个接"0"？

三、实验仪器及材料

(1) 数字电路实验箱 1 台。

(2) 万用表 1 块。

(3) 8 选 1 数据选择器 74LS151 1 片。

(4) 3 线-8 线译码器 74LS138 2 片。

(5) 八输入与非门 74LS30 1 片。

四、实验内容

题目:设计一个监视交通信号灯工作状态的逻辑电路。

其条件是:信号灯由红(用 R 表示),黄(用 Y 表示),绿(用 G 表示)三种颜色组成。正常工作时,任何时刻必须且只允许一盏灯点亮。而当出现其他五种点亮状态时电路发生故障,这时要求发出故障信号(用 Z 表示),以提醒维护人员前去修理。

本实验中 R,Y,G 为 1 表示灯亮,为 0 表示灯灭。Z 为 0 表示工作正常,Z 为 1 表示故障。

(1)用 74LS151(见图 3.2.1)设计上述电路,设计方法参见相关教材中用数据选择器设计组合逻辑电路。

(2)用 74LS138(见图 3.2.2)设计信号灯电路,设计方法参见相关教材中用译码器设计组合逻辑电路。

要求:

1)列出逻辑真值表。

2)写出逻辑函数式。

3)画出逻辑电路图和芯片引脚接线图。

4)实验接线并测试电路。

提示:用 74LS138 设计信号灯电路时,可以用 74LS30(见图 3.2.3)配合设计。

注意:与非门多余的端口接高电平,防止引入干扰。

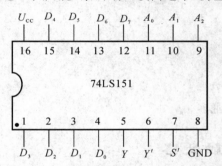

图 3.2.1　数据选择器 74LS151 引脚图

$A_0 A_1 A_2$ —— 地址输入端(也称数据选择端);

$D_0 \sim D_7$ —— 数据输入端;

S' —— 选通端,低电平有效;

Y 和 Y' —— 输出端和反向输出端

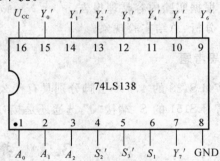

图 3.2.2　3 线 - 8 线译码器 74LS138 引脚图

$A_0 A_1 A_2$ —— 输入端;

$Y'_0 \sim Y'_7$ —— 输出端,低电平有效;

使能端 S_1 —— 电平有效;

$S'_2 S'_3$ —— 低电平有效

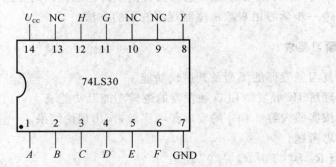

逻辑表达式 $Y = (ABCDEFGH)'$　注:NC 是空脚,不用

图 3.2.3　八输入与非门 74LS30 引脚图

（3）译码驱动器 74LS48 的输出端接数码管,再次测试,将结果记录入表 3.2.1 中。

表 3.2.1　测试译码与数码显示

输　　入			译码输出							
A_2	A_1	A_0	Y'_0	Y'_1	Y'_2	Y'_3	Y'_4	Y'_5	Y'_6	Y'_7
0	0	0								
0	0	1								
0	1	0								
0	1	1								
1	0	0								
1	0	1								
1	1	0								
1	1	1								

（4）用两片 3 线-8 线译码器 74LS138 扩展成 4 线-16 线译码器,画出接线图,并完成真值表记录。

五、实验报告

（1）根据实验内容整理报告。

（2）分析、总结实验现象。

六、思考题

（1）74LS138 的 4,5,6 引脚分别具有什么作用?

（2）74LS151 的 S' 端接"0"选通还是接"1"选通?

3.3　集成触发器

一、实验目的

（1）熟悉并验证触发器逻辑功能。

（2）学习用 JK 触发器及 D 触发器转换成其他触发器的方法。

（3）进一步学习用双踪示波器观测波形的方法。

二、预习要求

（1）复习触发器的类型及其逻辑功能。

（2）理解 JK 触发器和 D 触发器的逻辑功能及功能表。

（3）按实验内容 3 和 4 的要求预习实验,作出理论结果。

（4）思考题:

1) 当 R'_D 为"0"时, Q 是"0"还是"1"?

2) 当 S'_D 为"0"时, Q 是"0"还是"1"?

3) 当 R'_D，S'_D 为"0"时，触发器能否被 CLK 脉冲触发？

4) 在验证触发器触发功能时，R'_D，S'_D 应为"0"还是"1"？

5) 如果 CLK 端没有触发脉冲，触发器能否被触发？

芯片说明：(1) R'_D 置"0"端，当 R'_D 为"0"时，输出端 Q 被置为"0"。

(2) S'_D 置"1"端，当 S'_D 为"0"时，输出端 Q 被置为"1"，74LS74 和 74LS76 分别为双 D 和双 JK 触发器(见图 3.3.1 和图 3.3.2)，1 字头标号为一组，2 字头标号为另外一组，不能混用。

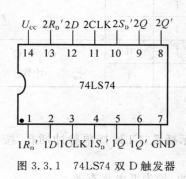
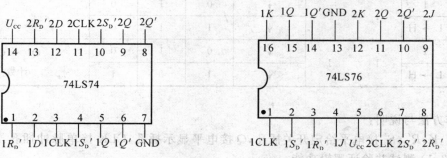

图 3.3.1　74LS74 双 D 触发器　　　　图 3.3.2　74LS76 双 JK 触发器

三、实验仪器及材料

(1) 数字实验箱 1 台。

(2) 双踪示波器 1 台。

(3) 元器件：74LS76 双 JK 触发器 1 片，74LS74 双 D 触发器 1 片，74LS00 与非门 1 片。

四、实验内容

1. 验证 JK 触发器的逻辑功能

要求：按功能表(见表 3.3.1)测试并验证逻辑功能，总结每项内容，找出与 D 触发器、T 触发器、T' 触发器相同功能的项目。

表 3.3.1　　74LS76 – JK 触发器功能表

输　　入				触发脉冲	输　　出			说　明
R'_D	S'_D	J	K	CLK	Q	Q^*	$Q^{*'}$	
0	0	×	×	×	×	H	H	禁　止
0	1	×	×	×	×	0	1	置"0"
1	0	×	×	×	×	1	1	置"1"
1	1	×	×	H	1　0	1　0	0　1	需要沿触发，电平不能触发
L → H	1	00		↓	0	0	1	$Q^* = Q$
1	L → H			↓	1	1	0	

续 表

输　入				触发脉冲	输　出			说　明
R'_D	S'_D	J	K	CLK	Q	Q^*	$Q^{*'}$	
L → H	1	0	1	↓	0	0	1	$Q^* = J$
1	L → H			↓	1	0	1	
L → H	1	1	0	↓	0	1	0	
1	L → H			↓	1	1	0	
L → H	1	1	1	↓	0	1	0	$Q^* = Q'$ 计数
1	L → H			↓	1	0	1	

操作方法与说明：

(1)J,K,R'_D,S'_D接电平给定开关插孔,Q接电平显示插孔,CLK接单脉冲插孔,按功能表（见表 3.3.1）测试并验证逻辑功能。

(2)R'_D是给输出 Q "0"的,S'_D是给输出 Q 置"1"的,均为低电平有效。

(3)R'_D和S'_D可以同为高电平,表示不置数。R'_D和S'_D不能同为低电平,既置"0"又置"1",这是禁止的。

(4)Q^* 是触发器被触发后的 Q 端状态。

(5) 当 R'_D 是低电平时,输出 Q 被置为"0",其操作 L → H 表示用低电平给输出置"0"后必须回到高电平,触发器才能被触发,否则输出将被锁定在"0"状态。同样,当S'_D是低电平时,输出 Q 被置为"1",其操作 L → H 表示用低电平给输出置"1"后必须回到高电平,触发器才能被触发,否则输出将被锁定在"1"状态。

2.验证 D 触发器的逻辑功能

方法同 JK 触发器功能验证。

要求:按照表 3.3.2 完成功能表 Q^* 的测试,总结功能,填注说明。

表 3.3.2　74LS74 – D 触发器逻辑功能表

输　入			触发脉冲	输　出			说　明
R'_D	S'_D	D	CLK	Q	Q^*	$Q^{*'}$	
0	0	×	×	×			
0	1	×	×	1 / 0			
1	0	×	×	1 / 0			
1	1	×	L	1 / 0			
L → H	1	0	↑	0			
1	L → H		↑	1			
L → H	1	1	↑	0			
1	L → H		↑	1			

3. 将 JK 触发器转换成 D 触发器

要求：

(1) 写出转换方程。

(2) 画出逻辑电路图以及芯片引脚连线图。

(3) 实验接线并按表 3.3.3 测试用 74LS76 接成的 D 触发器的基本功能。

表 3.3.3　JK 构成的 D 触发器的基本功能

输　入	触发脉冲	输　　出	
D	CLK	Q	Q^*
0	↓	0	
	↓	1	
1	↓	0	
	↓	1	

4. 将 D 触发器转换成 T′ 触发器

要求：

(1) 画出逻辑电路图。

(2) 实验接线，CLK 接 1kHz 方波。用双踪示波器同时观测并记录 CLK 和 Q 波形，观察其周期及频率，总结逻辑功能。

5. 选做内容

逻辑电路如图 3.3.3 所示。实验接线：两时钟脉冲 CLK 接到 1kHz 方波输出，用示波器观察并记录 CLK，Q_1，Q_2 波形，观察其周期及频率，理解二分频、四分频的概念。

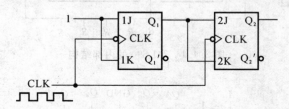

图 3.3.3　JK 触发器构成的分频器

五、实验报告

(1) 根据实验内容整理报告。

(2) 分析、总结 JK 和 D 触发器功能。

(3) 总结实验 4 中 T′ 触发器的分频功能。

六、思考题

(1) JK 为 00 时，JK 触发器被触发，其输出 Q^* 保持了（　　）的状态。

(2) JK 为 01 和 10 时，JK 触发器被触发，其输出 Q^* 保持了（　　）的状态，这相当于（　　）触发器。

(3)JK 为 11 时,JK 触发器被触发,其输出 Q^* 处于(　　　)的状态。这相当于(　　　)触发器。

(4)T' 触发器是一个几分频器?

3.4　二-五-十进制异步计数器

一、实验目的

(1)了解 74LS90 异步计数器的内部结构。

(2)学习用 74LS90 构成十进制计数器。

(3)学习其他进制计数器的构成。

二、预习要求

(1)熟悉 74LS90 的内部结构及引脚图,如图 3.4.1 所示。

(2)画出 74LS90 的十进制引脚连线图,如图 3.4.2 所示。

(3)预习做出十进制计数器如表 3.4.2 所示的理论结果和时序图。

(4)画出 74LS90 的六进制引脚连线图及实验记录表。

(5)思考 74LS90 置"0"端和置"9"端如何使用。

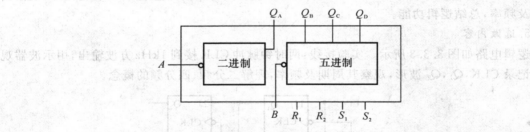

图 3.4.1　74LS90 的内部结构

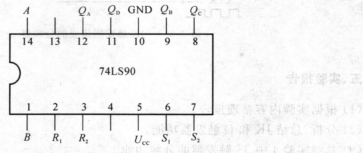

图 3.4.2　74LS90 引脚图

芯片说明:R_1,R_2 是置"0"端,均接高电平"1"时,输出端被置为"0000"。

S_1,S_2 是置"9"端,均接高电平"1"时,输出端被置为"1001"。

4 和 13 脚是空脚,不用。

三、实验仪器及材料

(1) 数字电路实验箱 1 台。

(2)74LS90 芯片 1 片。

四、实验内容

1. 74LS90 内部结构认识

74LS90 内部由二进制和五进制两部分组成。

(1) 验证二进制。R_1,R_2 和 S_1,S_2 均接低电平"0",A 接手动脉冲,Q_A 接电平显示,按表 3.4.1 验证二进制。

(2) 验证五进制。R_1,R_2 和 S_1,S_2 均接低电平"0",B 接手动脉冲,Q_D,Q_C,Q_B 接电平显示,按表 3.4.1 验证五进制。

表 3.4.1　二进制和五进制验证

二进制		五进制			
输　入	输　出	输　入	输　出		
CLK → A	Q_A	CLK → B	Q_D	Q_C	Q_B
0	0	0	0	0	0
↓		↓			
↓		↓			
↓		↓			
↓		↓			
↓		↓			

2. 十进制计数器

(1) 用 74LS90 芯片接成十进制计数器电路,二进制的输出 Q_A 与五进制的 B 相连即构成十进制。

(2)R_1,R_2 和 S_1,S_2 接电平给定插孔,A 端接手动单脉冲,Q_D,Q_C,Q_B,Q_A 接电平显示,观察十进制计数及置"0"和置"9"功能,结果记于表 3.4.2 中,

(3) 根据实验结果画出 CLK,Q_A,Q_B,Q_C,Q_D 时序图。

表 3.4.2　十进制计数器实验结果记录表

输　　入			输　　出			
R_1,R_2	S_1,S_2	CLK → A	Q_D	Q_C	Q_B	Q_A
0	0	0	0	0	0	0
0	0	↓				
0	0	↓				
0	0	↓				
0	0	↓				

续 表

输　入			输　出			
R_1, R_2	S_1, S_2	CLK → A	Q_D	Q_C	Q_B	Q_A
0	0	↓				
0	0	↓				
0	0	↓				
0	0	↓				
0	0	↓				
1	0	×				
0	1	×				

(4) 对于十进制电路，A 端接 1kHz 方波，用双踪示波器观察 CLK，Q_A，Q_B，Q_C，Q_D 对应波形，并与十进制理论时序图对照。

注意：观察波形若与理论不符，排除操作的原因外，可在测试端对地接一个 $0.1\mu F$ 或 $0.01\mu F$ 的电容或调整接线来改善。

3. 六进制计数器

用 74LS90 接成六进制计数器，画出逻辑接线图和芯片引脚接线图，并用实验验证电路的正确与否，完成实验测试表格或时序图。

五、实验报告

根据实验内容整理报告。

六、思考题

(1) 用 74LS90 如何构成八进制计数器？画出电路图。

(2) 用 74LS90 如何构成六十或一百进制计数器？画出电路图。

(3) 阐述 R 端和 S 端的功能。

3.5　十进制同步计数器

一、实验目的

(1) 加深了解中规模集成计数器。

(2) 学习用双踪示波器观测时序图的方法。

(3) 学习用同步十进制计数器 74LS160 构成任意进制计数器的方法。

二、预习要求

(1) 深入了解 74LS160 的引脚符号及其含义，如图 3.5.1 所示，熟悉其功能表和工作状态。

(2) 根据实验内容预习实验。

(3) 画出同步十进制计数器 74LS160 理论时序图。

(4) 画出八进制接线图。

(5) 思考题:

1)R'_D 为"0" 时, Q_0, Q_1, Q_2, Q_3 的状态是什么? 此时计数器能否计数?

2)LD′ 为"0" 时, Q_0, Q_1, Q_2, Q_3 的状态是什么? 此时计数器能否计数?

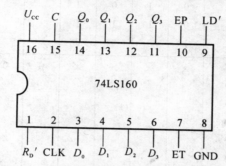

图 3.5.1　同步十进制计数器 74LS160 引脚图

芯片说明:

R'_D:异步置零(复位)端,低电平有效。

LD′:预置数控制端,低电平有效。

EP:使能端(计数控制端),EP＝0 时,计数器保持原状态不变。

ET:使能端(计数控制端),ET＝0 时,计数器保持原状态不变,但这时进位 $C＝0$。

C:进位端,高电平输出。

D_3, D_2, D_1, D_0:预置数据并行输入端。

三、实验器材

(1) 数字电路实验箱 1 台。

(2) 双踪示波器 1 台。

(3) 元器件:74LS160 十进制计数器 1 片,74LS00 二输入端四与非门 1 片。

四、实验内容

1. 同步十进制计数器 74LS160 引脚功能测试

输入接电平给定开关插孔,输出接电平显示插孔,CLK 接手动单脉冲插孔,按表 3.5.1 测试 74LS160 功能。表中共列出 5 项测试内容,分别是复位、置数、计数、保持、保持(但 $C＝0$)。下面请先列出每项测试的是什么功能。

第 1 项:

第 2 项:

第 3 项:

第 4 项:

第 5 项：

表 3.5.1　同步十进制计数器 74LS160 功能测试表

输　入									输　出					项次
R'_D	LD'	EP	ET	CLK	D_3	D_2	D_1	D_0	Q_3	Q_2	Q_1	Q_0	C	
0	×	×	×	×	×	×	×	×						1
1	0	×	×	↑	0	0	1	0						2
				↑	0	1	0	1						
				↑	0	1	1	1						
				↑	1	0	0	0						
1	1	1	1	↑	×	×	×	×	0	0	0	0		3
1	1	0	1	↑	×	×	×	×						4
1	1	×	0	↑	×	×	×	×						5

2.同步十进制计数器 74LS160 时序图测试

(1) 将 74LS160 设置在计数状态,CLK 接实验箱上的 1kHz 脉冲,用双踪示波器观察并记录 CLK,Q_0,Q_1,Q_2,Q_3 波形。注意触发沿的对应关系,要求观察记录 12 个以上 CLK 脉冲。

(2) 回答问题:

1) Q_0 的一个周期包含了几个 CLK 脉冲,其频率和 CLK 的频率是什么关系?

2) Q_3 的一个周期包含了几个 CLK 脉冲,其频率和 CLK 的频率是什么关系?

3.用 74LS160 接成八进制计数器

要求:

(1) 画出接线同步十进制计数器 74LS160 线路图,说明构成原理。

(2) 用手动脉冲完成电路测试,自己设计实验数据记录表或接入 1kHz 脉冲测试电路时序图说明同步十进制计数器 74LS160 电路是八进制。

4.选做内容

用 74LS160 接成六进制(提示:可以用与非门) 计数器,绘制电路图,用实验的方法验证电路。

五、实验报告

(1) 根据实验内容整理报告,绘制接线图及相关表格。

(2) 画出要求的时序图,回答相关问题,总结实验。

六、思考题

（1）用同步十进制计数器 74LS160 怎样接成一百进制计数器？画出接线图。

（2）用两片 74LS160 怎样构成十六进制计数器？试画出接线图。

3.6　555 定时器的应用

一、实验目的

（1）熟悉 555 定时器的工作原理。

（2）掌握用 555 定时器构成单稳态触发器、多谐振荡器和施密特触发器电路。

（3）学习用双踪示波器观察测量波形周期、脉宽和幅值，对波形进行定量分析。

二、预习要求

（1）熟悉 555 集成电路引脚图。

（2）阅读第 6 章中用示波器测量直流电压的方法。

（3）根据公式 $T_w = 1.1RC$ 计算单稳电路的理论脉宽。

（4）根据公式

$$T_1 = (R_1 + R_2)C\ln2$$
$$T_2 = R_2C\ln2$$
$$T = T_1 + T_2 = (R_1 + 2R_2)C\ln2$$

计算振荡电路的理论周期、频率及占空比。

（5）复习单稳和多谐电路理论工作波形图（即 U_i、U_c 和 U_o 波形图）。

（6）思考题：

1）用示波器观测波形及充放电电压时，示波器输入耦合选择"DC"还是"AC"？

2）怎样确定零电压线？

三、实验仪器及材料

（1）数字电路实验箱 1 台。

（2）双踪示波器 1 台。

（3）555 集成电路 1 片（见图 3.6.1）。

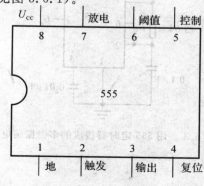

图 3.6.1　555 定时器引脚图

(4) 电阻:10kΩ 2 个、100kΩ 1 个;电容:0.1μF 1 个、0.01μF 2 个。

四、实验内容

1. 用 555 定时器构成单稳态触发器

按图 3.6.2 所示在 555 芯片上搭接电路,合理选择输入信号 U_i 的频率,以保证 $T > T_w$。用示波器观测并记录 U_i、U_C 和 U_o 波形,比较其对应关系,测出周期、幅值和脉宽,并用相应符号在图上标示。比较与理论脉宽的误差。

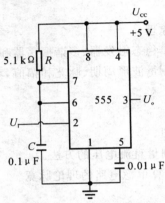

图 3.6.2 用 555 定时器接成的单稳态触发器电路

2. 用 555 定时器构成多谐振荡器

(1) 实验电路如图 3.6.3 所示。搭接电路,用双踪示波器同时观测并记录 U_C 和 U_o 波形。

(2) 测出 U_o 波形的幅值和周期 T 以及 T_1、T_2 并在图上相应位置标出。计算频率 f 和占空比并与理论值比较。

(3) 测出 U_C 波形的充电电压和放电电压,标示在图上,并与理论值比较。

注意:测量时示波器零电平的位置以及 U_C 和 U_o 波形的对应关系。

思考:如何改变多谐振荡器的频率?

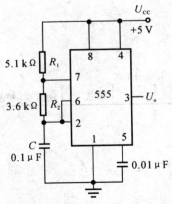

图 3.6.3 用 555 定时器接成的多谐振荡电路

3.用 555 定时器组成施密特触发器

（1）实验电路如图 3.6.4 所示，按图接线，输入信号为 $f = 1kHz, U_{P\text{-}P} = 3V$ 的正弦波。

（2）用示波器观测并记录输入、输出波形，标明周期和幅值以及上、下触发电平，算出回差电压。

（3）分析施密特电路的作用。

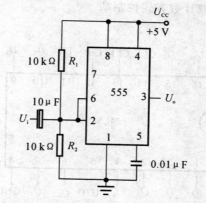

图 3.6.4　用 555 定时器组成的施密特触发器

五、实验报告

（1）按实验内容要求整理报告。

（2）画出相关波形，标注参数，处理数据。

（3）分析实验结果。

六、思考题

（1）对频率为 1Hz 的振荡电路，怎样观察输出？

（2）占空比可调的电路是如何构成的？

3.7　综合实验 —— 计数、译码驱动、显示电路

一、实验目的

（1）学习十进制同步加 / 减计数器 74LS190 的应用。

（2）培养综合运用数字集成电路的能力。

二、预习要求

（1）仔细研读 74LS190 引脚符号（见图 3.7.1）、功能表和说明。

（2）74LS190 作计数器，74LS48 作译码驱动，共阴极数码管显示，于实验前画出电路图。

引脚符号：

$D_0 \sim D_3$：并行数据输入。

CLK_1：时钟输入端(上升沿有效)。

CLK_0：串行时钟输出端(低电平有效)。

C/B：进位/借位输出端。

LD′：异步并行置数控制端(低电平有效)。

S′：计数控制端。

U′/D：加(低电平有效)/减计数方式控制端。

$Q_0 \sim Q_3$：数据输出端。

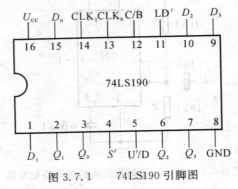

图 3.7.1　74LS190 引脚图

简要说明：

74LS190 是可预置数的十进制同步加/减计数器,其功能表见表 3.7.2。

74LS190 的预置是异步的。当置数控制端 LD′ 为低电平时,不管时钟 CLK_1 的状态如何,输出端 $Q_0 \sim Q_3$ 预置成与数据 $D_0 \sim D_3$ 相一致的状态。

74LS190 的计数是同步的,当 U′/D 为低电平时,进行加计数,高电平时进行减计数。

利用 CLK_0 端可级联成 N 位同步计数器。

74LS190 有超前进位功能,当计数溢出时,进位输出端输出一个高电平,其宽度为半个时钟周期。

表 3.7.2　同步十进制计数器 74LS190 功能表

输　入								输　出			
LD′	S′	U′/D	CLK_1	D_0	D_1	D_2	D_3	Q_0	Q_1	Q_2	Q_3
L	×	×	×	d_0	d_1	d_2	d_3	d_0	d_1	d_2	d_3
H	L	L	↑	×	×	×	×	加计数			
H	L	H	↑	×	×	×	×	减计数			
H	H	×	×	×	×	×	×	保持			

三、实验仪器及材料

(1) 数字电路试验箱 1 台。

(2)74LS190 1 片。

(3)74LS48 1 片。

(4) 共阴极数码管 1 片。

四、实验内容

(1) 按预习电路接线,按功能表测试电路状态。

提示:用 74LS190 计数,74LS48 译码驱动,七段共阴数码管显示,1Hz 脉冲作计数器触发脉冲。搭接电路,观察电路的置数、加法计数和减法计数及控制功能。

(2) 将电路接成八进制或六进制,并用实验验证。

(3) 研究内容:

观察串行时钟输出及进位、借位功能(用 1Hz 时钟和电平显示灯)。

提示:也可选用 1kHz 时钟,用双踪示波器对应观察 CLK_1,Q_3,CLK_0,C/B 波形。

五、实验报告

画出电路接线图,总结 74LS190 的功能和使用。

六、思考题

(1) CLK_1 和 CLK_0 有何不同?

(2) CLK_0 和 C/B 在使用方面有何区别?

(3) 用 74LS190 怎样接成十六进制减法计数器?画出接线图。

3.8 病床呼叫器(编码、译码驱动、显示)电路

一、实验目的

(1) 学习集成编码器 74LS148 的应用。

(2) 培养综合运用数字集成电路的能力。

二、预习要求

(1) 仔细研读 74LS148(见图 3.8.1)引脚符号和说明,其功能表见表 3.8.1。

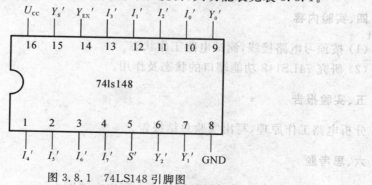

图 3.8.1 74LS148 引脚图

(2) 74LS148 对 8 个呼叫信号编码,74LS48 作译码驱动,共阴极数码管显示,于实验前画出

电路图,注意与非门的运用。

(3) 思考:电路接线中要不要使用非门?为什么?

芯片说明:74LS148 是 8 线-3 线优先编码器。

$I'_0 \sim I'_7$ 是编码输入端。

$Y'_0 \sim Y'_2$ 是编码输出端。

S' 是选通端,低电平有效。

Y'_S 是选通输出端,低电平表示电路工作,但无编码输入。

Y'_{EX} 是扩展端,低电平表示电路工作,而且有编码输入。

表 3.8.1　74LS148 功能表

输入									输出				
S'	I'_0	I'_1	I'_2	I'_3	I'_4	I'_5	I'_6	I'_7	Y'_2	Y'_1	Y'_0	Y'_S	Y'_{EX}
1	×	×	×	×	×	×	×	×	1	1	1	1	1
0	1	1	1	1	1	1	1	1	1	1	1	0	1
0	×	×	×	×	×	×	×	0	0	0	0	1	0
0	×	×	×	×	×	×	0	1	0	0	1	1	0
0	×	×	×	×	×	0	1	1	0	1	0	1	0
0	×	×	×	×	0	1	1	1	0	1	1	1	0
0	×	×	×	0	1	1	1	1	1	0	0	1	0
0	×	×	0	1	1	1	1	1	1	0	1	1	0
0	×	0	1	1	1	1	1	1	1	1	0	1	0
0	0	1	1	1	1	1	1	1	1	1	1	1	0

三、实验仪器及材料

(1) 数字电路试验箱 1 台。

(2)74LS148 1 片。

(3)74LS00 1 片。

(4)74LS48 1 片。

(5) 共阴极数码管 1 片。

四、实验内容

(1) 按预习电路接线,测试电路工作状态。

(2) 研究 74LS148 功能端口的状态及作用。

五、实验报告

分析电路工作原理,写出实验总结报告。

六、思考题

(1)16 个病人的病床呼叫器怎样构成?画出电路图。

(2)74LS148 编码输出是低电平有效还是高电平有效?

第4章　电子技术课程设计

4.1　电子技术课程设计报告模板

电子技术课程设计报告

专业班级：＿＿＿＿＿＿＿＿＿

学生姓名：＿＿＿＿＿＿＿＿

指导教师：＿＿＿＿＿＿＿

同　组　者：＿＿＿＿＿＿＿

设计时间：＿＿＿＿＿＿＿＿＿

＿＿＿＿＿＿＿学院

课程设计题目：_____

一、设计任务和要求

1.……；
2.……；
3.……；
……

二、方案选择及论证、电路原理框图

（首段,对设计要求的总体分析）

方案一、……

……

方案二、……

……

三、单元电路设计与计算（元器件参数确定）

1.单元电路原理分析……

2.仿真分析（一定要有仿真电路图）

3.元器件参数计算过程

四、总电路图及元器件清单

1.总电路图

（含元件标号与型号）

2.元器件清单

元器件序号	型 号	主要参数	数 量	备 注
R_1				
T_1				
…				

五、安装与调试

1.调试过程描述:对调试中出现的问题进行分析,并说明解决的措施；

2.实物照片。

六、性能测试与分析（软件设计与调试）

（要围绕设计要求中的各项指标进行）

1. 测试、记录波形与数据。

2. 数据整理与结果分析(仿真结果或理论值与实测数据进行对照)。

七、结论与心得

八、参考文献

[1]　张文荣. 模拟电子技术课程教学新探[J]. 河北能源职业技术学院学报,2004,4(3).

[2]　余道衡,徐承和. 电子电路手册[M]. 北京:北京大学出版社,1996.

4.2　电子技术课程设计报告范文

数字电子钟

内容简介:数字电子钟的电路系统由秒信号发生器、"时、分、秒"计数器、译码器显示器、校时电路、整点报时电路等组成。秒信号发生器是整个系统的时基信号,它直接决定计时系统的精度,一般用石英晶体振荡器加分频器来实现。"时、分、秒"分别通过不同进制的计数器来实现。译码显示电路将"时、分、秒"计数器的输出状态经七段显示器显示出来。整点报时电路是根据计时系统的输出状态产生一脉冲信号,去触发音频发生器来实现报时。校时电路是用来对"时、分、秒"显示数字进行校对调整的。

一、电路原理方框图和设计概论

数字钟是采用数字电路实现对时、分、秒的数字显示的计时装置,广泛用于家庭及车站、码头、办公室等公共场所,成为人们日常生活中不可缺少的东西。数字集成电路的发展和石英晶体振荡器的广泛应用,使得数字钟的精度远远超过了老式钟表,而且它的数字化给人们的生产、生活带来了极大的方便,其功能也远不止是原先的一种报时功能。例如:定时自动报警、按时自动打铃、时间程序自动控制、定时广播、自动开闭路灯、定时开关设备以及各种电器的程序自动控制等,所有这些都是以钟表数字化为基础的。因此,研究数字钟以及扩大它的应用范围有着非常现实的意义,其原理方框图如图 4.2.1 所示。

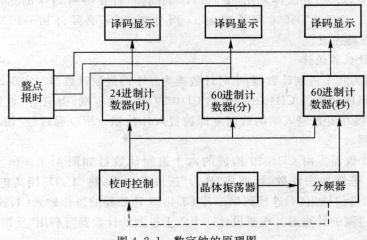

图 4.2.1　数字钟的原理图

二、设计任务和要求

(1)采用 LED 显示累计时间"时""分""秒"。

(2)具有校时功能。

(3)具有整点报时功能。要求整点前鸣叫 5 次低音(500 Hz 左右),整点时再鸣叫 1 次高音(1 000 Hz 左右),共鸣叫 6 响,两次鸣叫间隔 0.5s。

三、单元电路设计

1.秒信号发生器

秒信号发生器是数字电子钟的核心部分,它的精度和稳定度决定了数字钟的质量,通常用晶体振荡器产生的脉冲经过整形、分频获得 1Hz 的秒脉冲。常用的典型电路如图 4.2.2 所示。

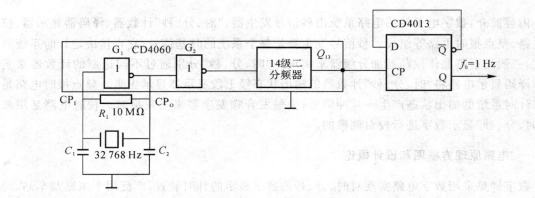

图 4.2.2 秒信号发生器

CD4060 是 14 位二进制计数器,它内部有 14 级二分频器,两个反相器。CP_I(11 脚)、CP_O(12 脚)分别为时钟输入、输出端,即内部反相器 G_1 的输入、输出端。图 4.2.2 中 R_1 为反馈电阻(10~100MΩ),目的是为 CMOS 反相器提供偏置,使其工作在放大状态。C_1 是频率微调电容,取 5~30pF,C_2 是温度特性校正用电容,一般取 20~30pF。内部反相器 G_2 起整形作用,且可以提高带负载能力。石英晶体采用 32 768Hz 的晶振,若要得到 1Hz 的脉冲,则需经过 15级二分频器完成。由于 CD4060 只能实现 14 级分频,因而必须外加一级分频器,可采用CD4013 双 D 触发器完成。

2.秒、分、时计数器设计

秒、分计数器为六十进制计数器,小时计数器为二十四进制计数器。实现这两种模数的计数器采用中规模集成计数器 CD4029。虽然 CD4029 没有清零端,但它有"置数"功能,当"置数"端 PE=1 时,接在置数输入端的数据立即被置入计数器。所以通过"反馈置数法"可实现任意进制的计数器。

(1)60 进制计数器。由 CD4029 构成的六十进制计数器如图 4.2.3 所示,首先将两片CD4029 设置成十进制加法计数器,即将"B/$\overline{D}$"接成低电平,将"U/$\overline{D}$"接高电平。将第一片CD4029 计数器的进位输出 $\overline{CO}$ 连接到第二片 CD4029 计数器的进位输入 $\overline{CI}$,这样两片计数器最大可实现一百进制的计数器。现要设计一个六十进制的计数器可利用"反馈置零"的方法实现。由于 CD4029 属于异步置数，因而当计数器输出"$2Q_3 2Q_2 2Q_1 2Q_0, 1Q_3 1Q_2 1Q_1 1Q_0 = 0110, 0000$"时，通过与门电路形成一置数脉冲，使计数器归零。如图 4.2.3 所示电路可作为秒、分计数器。

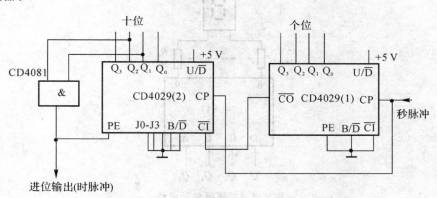

图 4.2.3 六十进制计数器

（2）二十四进制计数器。同理当计数状态为"$2Q_3 2Q_2 2Q_1 2Q_0, 1Q_3 1Q_2 1Q_1 1Q_0 = 0010, 0100$"时，要求计数器归零。通过把个位 Q_2、十位 Q_1 相与后的信号送到个位、十位计数器的置数端 PE，使计数器复位，从而构成二十四进制计数器，如图 4.2.4 所示。

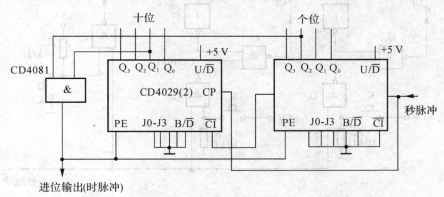

图 4.2.4 二十四进制计数器

3.译码显示电路

译码电路的功能是将"秒""分""时"计数器的输出代码进行翻译，变成相应的数字显示。用于驱动 LED 七段共阳极数码管的译码器常用的有 74LS47。它是 BCD－7 段显示译码器/驱动器，其输出级 OC 门输出低电平有效。由 74LS47 和 LED 七段共阳极数码管组成的一位数码显示电路如图 4.2.5 所示。若将"秒""分""时"计数器的每位输出分别接到相应七段显示译码器的输入端，便可进行不同数字的显示。在译码器输出与数码管之间串联的电阻 R_2 为限流电阻，取 360Ω。

4.校时电路

数字钟启动后，每当数字钟显示与实际时间不同时，需要根据标准时间进行校正时，简单有效的校时电路如图 4.2.6 所示。

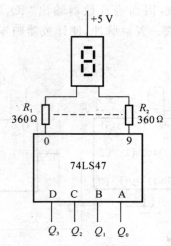

图 4.2.5 译码显示电路

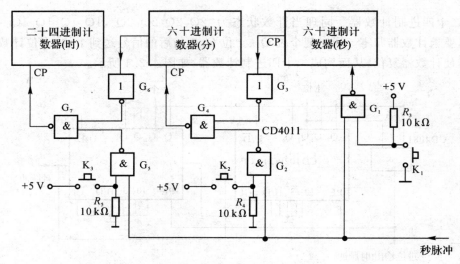

图 4.2.6 校时电路

校对"秒"时,采用等待校时。当进行校时时将琴键开关 K_1 按下,此时门电路 G_1 被封锁,秒信号无法进入"秒计时器",此时暂停秒计时。当数字钟显示值与标准时间秒数值相同时,断开开关 K_1,数字钟秒显示与标准时间秒计时同步运行,完成秒校时。

校对"分""时"的原理也比较简单,采用加速校时。例如:分校时使用 G_2,G_3,G_4 三个与非门。当进行分校时时,按下琴键开关 K_2,当 G_3 输出高电平时,秒脉冲信号直接通过 G_2,G_4 门电路被送到分计数器中,使分计数器以秒的节奏快速计数。当分计数器的显示与标准时间相符,松开 K_2 即可。当松开 K_2 时,门电路 G_2 封锁秒脉冲,输出高电平,门电路 G_4 接受来自秒计数器的输出进位信号,使分计数器正常工作。同理,"时"校时电路与"分"校时电路工作原理完全相同。

电阻 R_3,R_4,R_5 是为了避免开关闭合时电源短路而设置的。

5. 整点报时电路

当计数器在每次计时到整点前 6s 时,开始报时。即当"分"计数器为 59,"秒"计数器为 54 时,要求报时电路发出一控制信号 F_1,该信号持续时间为 5s,在这 5s 内是使低音信号(500Hz 左右)打开闸门,报时声鸣叫 5 声。当计数器运行到 59′59″时,要求报时电路发出另一控制信号 F_2,该信号持续时间为 1s,在这 1s 内使高音信号(1 000Hz 左右)打开闸门,报时声鸣叫一声。根据以上要求,设计的整点报时电路如图 4.2.7 所示。

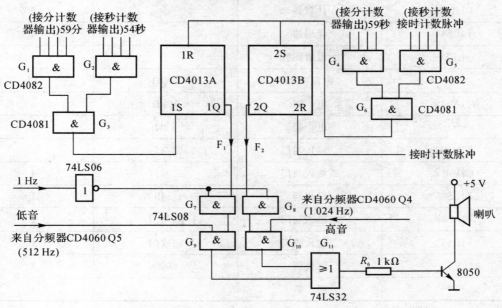

图　4.2.7

CD4013 是双 D 触发器,具有"置位"和"复位"功能,且高电平有效。利用 CD4013 触发器的记忆功能,可完成实现所要求的 F_1,F_2 信号。当"分"计数器和"秒"计数器输出状态为 59′54″时,与门 G_3 输出一高电平,使 CD4013 的第一个 D 触发器的输出 1Q 被置成高电平,此时整点报时的低音信号(512Hz)与秒信号同时被引入到蜂鸣器中,使蜂鸣器每次鸣叫 0.5s。一旦"分""秒"计数器输出状态 59′59″时,与门 G_6 输出高电平,使触发器的输出 1Q 变成低电平,同时将 CD4013 的第二个触发器的 2Q 置高电平。此时封锁低音报时信号,开启高音报时信号(1 024Hz),当满 60min 进位信号一到,触发器的 2Q 被清零。故蜂鸣器高音鸣叫一次,历时0.5s。另外,三极管 8050 作为电流放大电路来驱动喇叭发出声音。其电阻 R_6 可控制管子的工作点。

四、元器件明细表

元器件明细如表 4.2.1 所示。

表 4.2.1　元器件明细表

符　号	名　称	类　别	数　目
CD4060	二进制计数器	/	1
R_1	反馈电阻	10~100MΩ	1
32 768Hz 晶体振荡器	/	/	1

续　表

符　号	名　称	类　别	数　目
C_1	微调电容	5～30pF	1
C_2	校正电容	20～30pF	1
CD4013	触发器	双 D 型	2
CD4029	计数器	/	6
74LS47	译码器	/	6
LED	七段数码管	/	6
R_2	限流电阻	360Ω	42
R_3,R_4,R_5	电　阻	10kΩ	3
R_6	电　阻	1kΩ	1
CD4081	二输入与门	四与门	2
CD4082	四输入与门	二与门	4
74LS06	反相器	六反相器	1
74LS08	二输入与门	四与门	1
74LS32	二输入或门	四或门	1
VT	三极管	8050	1
——	喇　叭	/	1

五、调试要点

1. 标准秒信号调试

用示波器观察 CD4013 的输出应为一个标准秒信号波形。

2. 时、分、秒

将秒信号分别引入到时、分、秒计数器单元电路中,观察电路的工作情况。

3. 校时电路的测试

将秒信号分别引入到校时电路中,分别闭合开关 K_2 及 K_3,检查分计数器、时计数器的工作情况。

4. 整点报时电路测试

将整点报时电路连接好,检查数字钟在整点前及整点时的工作情况。

六、课程设计总结

"数字电子技术课程设计"是通过实践对课本知识的应用,是提高实际动手能力的有效方法,在设计过程中能够进一步认识常用数字电子元器件的类型和特性,并且掌握如何选用元器件。在设计与调试中通过查阅资料可以培养课本知识与实践相结合的能力,提高独立分析和解决实际问题的能力。但是自己水平毕竟有限,在本次设计中还是存在很多不可避免的问题。

不过,总体来说,通过此次实验,加深了我对所学知识的认识,可以学到书本上没有的东西,更复习了这学期"数字电子技术"课程所学的知识,从中获得了新的知识和体会,让我真正体验到了科学的力量和魅力,也激发了我对今后学习更新更高的学科知识的兴趣。从这次课程设计的过程中我学会了应该如何学习,怎样去查找资料,怎么去解决问题。在此感谢老师给予我的指导和帮助,使我很好地完成了这次课程设计。

七、参考资料

[1]　华中理工大学电子学教研室,康华光.电子技术基础.5 版.北京:高等教育出版社,2006.

[2]　清华大学电子学教研室,闫石.数字电子技术基础.5 版.北京:高等教育出版社,2006.

[3]　周雪.模拟电子技术.西安:西安电子科技大学出版社,2002.

[4]　孙津平.数字电子技术.西安:西安电子科技大学出版社,2002.

[5]　庞学民.数字电子技术.北京:清华大学出版社,北京交通大学出版社,2005.

[6]　曾建唐.电工电子基础实践教程(上册)实验课程设计.2 版.北京:机械工业出版社,2007.

[7]　曾建唐.电工电子基础实践教程(下册)工程实践指导.2 版.北京:机械工业出版社,2008.

[8]　高吉祥.电子技术基础实践与课程设计.北京:电子工业出版社,2004.

[9]　彭介华.电子技术课程设计指导.北京:高等教育出版社,2003.

4.3　电子技术课程设计题目汇集

一、集成运算放大器简易测试仪

1.任务

设计一种集成运算放大器简易测试仪。

2.基本要求

(1)能用于判别集成运算放大器放大功能的好坏。

(2)设计本测试仪所需的直流稳压电源。

3.设计方案

设计方案如图 4.3.1 所示。

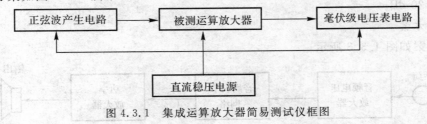

图 4.3.1　集成运算放大器简易测试仪框图

4. 可选元器件

运算放大器 OP07；A/D 转换器 ICL7107；数字显示屏；集成三端稳压器 78L15，79L15；变压器 220 V/15 V，3 VA；整流电桥 50 V，1 A。

二、简易音频信号发生器

1. 任务

设计并制作一台音频正弦信号发生器。

2. 基本要求

(1) 频率范围 20～200 Hz，200 Hz～2 kHz，2～20 kHz。

(2) 通过改变 R 数值，改变信号频率。

(3) 输出电压 $U_{P-P} \geqslant 3$ V。

(4) 当 $R_L = 10$ Ω 时，$P_{omax} \geqslant 0.5$ W。

3. 设计方案

设计方案如图 4.3.2 所示。

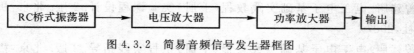

图 4.3.2　简易音频信号发生器框图

4. 可选元器件

(1) 集成运算放大器 μA741。

(2) 集成功率放大器 LM386。

(3) 双联电位器 10 kΩ。

三、具有音质调节的音响功率放大器

1. 任务

设计并制作一台音质可调节的音响功率放大器。

2. 基本要求

(1) 额定功率 $P_o = 1$ W。

(2) 负载阻抗 $R_L = 8$ Ω。

(3) 频率响应：$f_L \sim f_H$ 在 45 Hz～20 kHz 范围。

(4) 输入阻抗 $R_i \geqslant 10$ kΩ。

(5) 音质控制特性：1 kHz 处增益为 0 dB，125 Hz 和 8 kHz 处有 ± 12 dB 的调节范围，$A_{uL} = A_{uH} \geqslant 20$ dB。

3. 设计方案

设计方案如图 4.3.3 所示。

图 4.3.3　音质调节音响功率放大器框图

4.可选元器件

集成运算放大器 OP07;集成功率放大器 LM386。

四、简易函数信号发生器

1.任务

设计一个能产生正弦波、方波、三角波的函数信号发生器。

2.基本要求

(1)输出频率:10~100 Hz, 100 Hz~1 kHz, 1~10 kHz。

(2)输出幅度为 5 V 的单脉冲信号。

(3)输出正弦波幅度 U_o=0~5 V,可调波形及非线性失真因数 $\gamma \leqslant 5\%$。

(4)输出三角波幅度 U_o=0~5 V,可调。

(5)输出方波幅度可在 0~12 V 之间,可调。

(6)具有单脉冲输出功能。

3.设计方案

设计方案如图 4.3.4 所示。

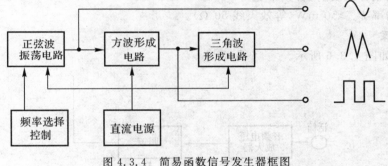

图 4.3.4　简易函数信号发生器框图

4.可选元器件

集成运算放大器 OP07。

五、多路输出直流稳压电源

1.任务

设计并制作一个多路输出的直流稳压电源。

2.基本要求

(1)同时输出±6 V, 1 A;±15 V, 0.5 A;120 V, 0.1 A。

(2)输出纹波电压小于 5 mV,稳压因数小于 5×10^{-3};输出内阻小于 0.1 Ω。

(3)加输出保护电路,最大输出电流不得超过给定值的 10%。

3.设计方案

设计方案如图 4.3.5 所示。

4.可选元器件

DC/AC 变换器,变换比为 300/300, 40 VA。

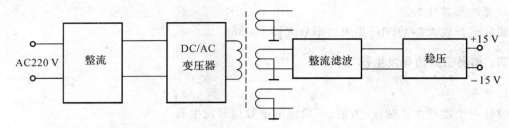

图 4.3.5 多路输出直流稳压电源框图

六、分立元器件构成的无线话筒

1.任务

设计并制作一个由分立元器件组成的无线话筒。

2.基本要求

(1)工作频率可在 85～100 MHz 之间的任何频率点。

(2)采用石英晶体振荡电路。

(3)采用调制方式发射,音频带宽为 20 Hz～20 kHz。

(4)输出功率 $P_o \geqslant 50$ mW(等效天线 50 Ω)。

3.设计方案

设计方案如图 4.3.6 所示。

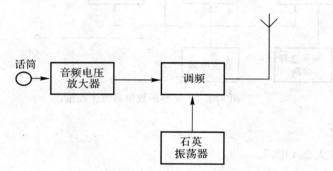

图 4.3.6 音质调节音响功率放大器框图

4.可选元器件

石英晶体 85～100 MHz;变容二极管 2CC1E;晶体管 3DG44;电感 10 μH, 47 μH, 100 μH, 280 μH。

七、空调机温度控制器

1.任务

设计一个空调机温度控制器。空调为温度调节设备,当制冷运行时,如果室内环境温度高于设定温度,空调器启动制冷运行;如果室内环境温度低于设定温度,空调器停止运行。制热运行与制冷运行过程正好相反。

2.基本要求

(1)具有温度采集功能,实时采集室内环境温度,要求误差在±1℃之内。

（2）温度设定通过按键完成，比如，按一下键设定成 21℃，按两下键设定为 22℃，依次类推，并且能将设定的温度显示出来。

（3）根据设定温度和采集到的温度判断压缩机的运行状态，可以用开关量来表示。

3. 设计方案

该电路的核心应为一个比较器，且该比较器的阈值电压应受到设定温度的控制。可以采用多路模拟开关和电阻网络来改变阈值电压。设计框图如图 4.3.7 所示。

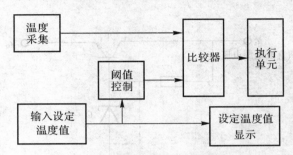

图 4.3.7　空调机温度控制器框图

4. 可选元器件

温度传感器 AD590；集成运算放大器 LM324；三极管 9013；多路模拟开关 CC4066，CC4011，CC4017；可以选用其他器件。

八、多路防盗报警器

1. 任务

设计一个防盗报警器，适用于仓库、住宅等地的防盗报警。

2. 基本要求

（1）防盗路数可根据需要任意设定。

（2）在同一地点（值班室）可监视多处的安全情况，一旦出现偷盗，用指示灯显示相应的地点，并通过扬声器发出报警声响。

（3）设置不间断电源，当电网停电时，备用直流电源自动转换供电。

（4）本报警器可用于医院住院病人的有线"呼叫"。

（5）设计本报警器所需的直流稳压电源。

3. 设计方案

设计方案如图 4.3.8 所示。

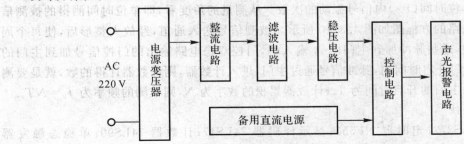

图 4.3.8　多路防盗报警器框图

4.设计提示及可选元器件

(1)防盗报警器的关键部分是报警控制电路。由控制电路控制声、光报警信号的产生。电路如图4.3.9所示。该电路采用三极管 T、电阻 R 和稳压二极管 D_z 来组成控制电路,同时在 D_z 两端并接设防线。无偷盗情况时,设防线使 T 的基极对地短路,三极管处于截止状态,控制电路不工作,即输出端 u_O 无信号输出;一旦有偷盗情况,设防线被破坏,D_z 击穿稳压,使三极管立即导通,u_O 输出信号使报警电路工作,发出声、光报警信号。这里三极管选用9013,D_z 和 R 视具体电路要求来定。

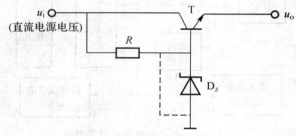

图 4.3.9　控制电路

(2)直流稳压电源各部分单元电路中参数的确定可参见有关的"模拟电子技术"教材,备用直流电源通过一个二极管并入控制电路的输入端。电网电压正常供电时,二极管截止,一旦电网停电,二极管导通,备用电源自动供电。

(3)指示灯采用发光二极管显示。采用 NE555 时基电路和阻容元件组成音调振荡器,控制器输出信号 u_O 控制其工作。

九、数字式频率计

1.任务

设计一个数字式频率计。

2.基本要求

(1)被测信号为 TTL 脉冲信号。

(2)显示的频率范围为 0～99 Hz。

(3)测量精度为 ±1 Hz。

(4)用 LED 数码管显示频率数值。

3.设计方案

频率是指单位时间(1 s)内信号振动的次数。从测量的角度看,即单位时间测得的被测信号的脉冲数。电路的方框图如图4.3.10所示。被测信号送入通道,经放大整形后,使每个周期形成一个脉冲,这些脉冲加到主门的 A 输入端,门控双稳电路输出的门控信号加到主门的 B 输入端。在主门开启时间内,脉冲信号通过主门,进入计数器,则计数器计得的数,就是要测的频率值。如果主门的开启时间为 T_s,计数器累积的数字为 N,则被测的频率为 $f_x = NT_s$。

4.可选元器件

锁存器 74LS273;定时器 NE555;显示译码器 74LS47;计数器 74LS90;单稳态触发器74LS123;共阳极数码管;电阻、电容若干。

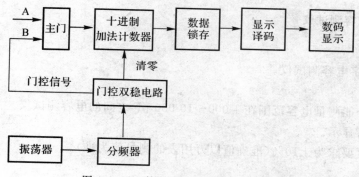

图 4.3.10　数字式频率计的电路框图

十、光控计数器

1.任务

设计一个利用光线的通断来统计进入实验室人数的电路。

2.基本要求

(1)设计两路光控电路,一路放置在门外,另一路设置在门里,当有人通过门口时(无论是进入或走出房间),都会先触发一个光控电路,再触发另一个光控电路。要求根据光控电路产生触发脉冲的先后顺序,判断人员是进入还是离开实验室,当有人进入实验室时令计数器进行加计数,当有人离开实验室时进行减计数。

(2)要求计数器的最大计数容量为99,并用数码管显示数字。

3.设计方案

设计方案如图 4.3.11 所示。

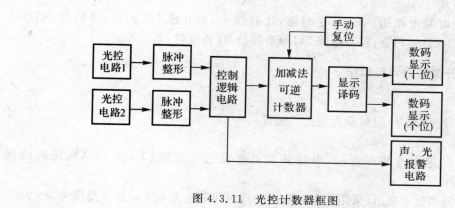

图 4.3.11　光控计数器框图

4.可选元器件

红外发光二极管和光电三极管(对管);集成显示译码电路 74LS47 或 74LS48;LED 数码管;可逆计数器 74LS190 或 74LS192;发光二极管;NE555 定时器。

说明:74LS190 为单时钟加减控制型十进制可逆计数器,74LS192 为双时钟十进制可逆计数器。

十一、数字电容测试仪

1．任务

设计一个数字电容测试仪。

2．基本要求

(1)设计一个能测量电容范围在 1 000～10 000 pF 之间的电容测试仪。

(2)用数码管显示。

(3)测量精度要求为±10%(准确值以万用表的测量值为准)。

3．设计方案

(1)设法将电容的大小转换成与之相对应的脉冲数。

(2)测量脉冲数目并进行译码,用数码管显示结果。

(3)设计框图如图 4.3.12 所示。

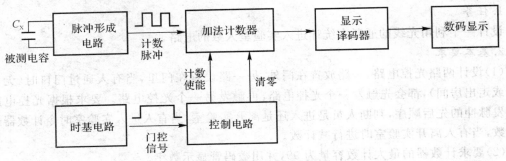

图 4.3.12　数字电容测试仪框图

4．可选元器件

脉冲形成和时基电路用 NE555 定时器;计数器 74LS90 或 74LS160;译码器 74LS47 或 74LS48;显示器 LED 数码管;控制电路 74LS 系列与非门;电阻、电容若干。

十二、声控开关的设计与制作

1．任务

设计一个声控开关,控制对象为发光二极管。

2．基本要求

(1)接收到一定强度的声音后,声控开关点亮发光二极管(5～10 mA),延时时间在 1～10 s 之间可调。

(2)延时时间用数字显示(采用共阳极数码管),时间单位为 0.1 s,显示范围为 0～9.9 s。

3．设计方案

设计方框图如图 4.3.13 所示。驻极体话筒接收到一定强度的声音信号后,声音信号转换为电压信号,幅值很小,经放大、整形(施密特电路)后,触发单稳延时电路,产生一个宽度可调的脉冲信号,驱动发光显示电路。同时,这个脉冲信号作为选通信号,使计数器计数,并用数码显示。若时基电路的信号周期为 0.1 s,则数码管显示的数字即为相应的时间值。

4．可选元器件

驻极体话筒;三极管 9013;NE555 定时器;发光二极管、LED 数码管(共阳);显示译码器

74LS47；计数器 74LS90；与非门 74LS00；电阻、电容若干。

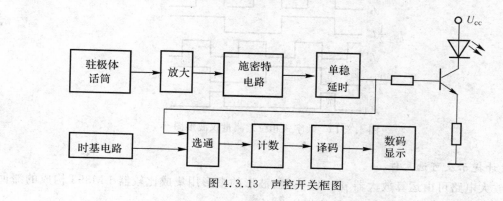

图 4.3.13　声控开关框图

十三、数字式相位差测量仪

1．任务

设计一个电路，测量两路信号的相位差。

2．要求

(1)被测信号为正弦波，频率为 40～60 Hz，幅度大于或等于 0.5 V。

(2)相位测量精度为 1%。

(3)用数码管显示测量结果。

3．设计方案

设计方案如图 4.3.14 所示。

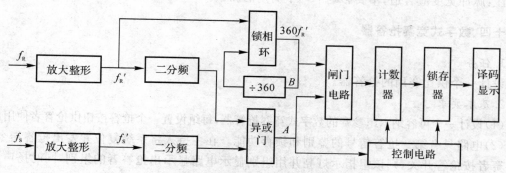

图 4.3.14　数字式相位差测量仪框图

在两个同频信号中，f_R 为基准信号，f_s 为被测信号，经放大整形后，变成正方波信号（电压变化范围为 0～5 V），再经二分频电路送入由异或门组成的相位比较电路，其输出脉冲 A 的宽度 t_W 可反映两信号的相位差，波形的变化过程如图 4.3.15 所示。锁相环和 360 分频电路构成的是 360 倍频电路，其输出 B 的每一周期对应原信号的 1 状态，所以可用它来度量相位差。控制电路的作用分为两方面，其一，当计数结束时，产生锁存信号，将计数结果存入锁存器；其二，锁存后，再产生一短暂的清零信号，将计数器清零，为下一周期的测量做好准备。

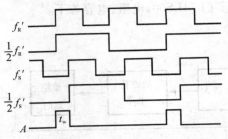

图 4.3.15　数字式相位差测量仪波形图

4.设计提示及可选元件

(1)放大电路可由运算放大器 μA741 实现,波形的整形用集成比较器 LM393 构成的滞回比较器完成。应保证整形前后两信号的相位差不变。

(2)异或门采用四-二输入异或门集成电路 74LS386(或 74LS86)。用示波器检查其输出是否反映了两信号的相位差。

(3)锁相环采用低频锁相环 CD4046,其原理请参照相关教材。在设计时,应根据本设计题目的要求合理选择压控振荡器的定时电阻和电容,使其振荡频率在 $50 \times 360 = 180$ kHz 左右。环路滤波器采用简单的 RC 滤波器即可,截止频率应低于 40 Hz。

(4)360 分频电路可用三级计数器串接而成($5 \times 6 \times 12$),用 74LS90 和 74LS92 即可实现。

(5)锁存器可用两片 74LS273 来实现。

(6)控制电路用以产生锁存器的锁存信号(即时钟信号)和计数器的清零信号。可用两级单稳电路,前者接受 A 的下降沿触发,产生一正脉冲 CP;后者接受 CP 的下降沿,产生清零脉冲。

注:脉冲宽度应合适,不要影响下一个周期的测量。

十四、数字式竞赛抢答器

1.任务

设计一个供比赛用的抢答器。

2.基本要求

(1)设计一个可容纳六组参赛的数字式竞赛抢答器,每组设置一个抢答按钮供抢答者使用。

(2)电路具有第一抢答信号的鉴别和锁存功能。在主持人将系统复位并发出抢答指令后,若参赛者按抢答开关,则该组指示灯亮并用组别显示电路显示出抢答者的组别,同时扬声器发出"嘀—嘟"的双音,音响持续 $2\sim3$s。此时,电路应自锁,使其他组的抢答开关不起作用。

(3)设置记分电路。每组在开始时预置成 100 分,抢答后由主持人记分,答对一次加 10 分,否则减 10 分。

(4)设置犯规电路。对提前抢答和超时抢答的组鸣喇叭示警,并由组别电路显示出犯规组别。

3.设计方案

设计方案如图 4.3.16 所示。

4.可选元器件

集成电路 74LS76,74LS148,74LS48,74LS190,NE555;LED 数码管 BS2021;扬声器以及相应的电阻和电容。

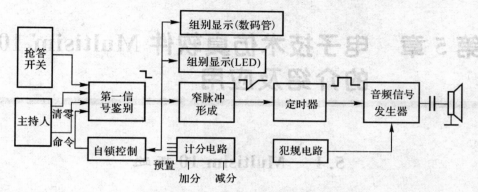

图 4.3.16　数字式抢答器电路框图

十五、交通灯控制

在城镇街道的十字交叉路口,为保证交通秩序和行人安全,一般在每条道路上各有一组红、黄、绿交通信号灯,其中红灯亮,表示该道路禁止通行;黄灯亮表示该条道路上未过停车线的车辆停止通行,已过停车线的车辆继续通行;绿灯亮表示该条道路允许通行。交通灯控制电路自动控制十字路口两组红、黄、绿交通灯的状态转换,指挥各种车辆和行人安全通行,实现十字路口交通管理的自动化。

1.任务

设计一个十字路口的交通灯控制电路。

2.基本要求

(1)要求甲车道和乙车道两条交叉道路上的车辆交替运行,每次通行的时间都设为 25 s。

(2)要求黄灯先亮 5 s,才能变换运行车道。

(3)当黄灯亮时,要求每秒钟闪亮一次。

3.设计方案

设计方案如图 4.3.17 所示。

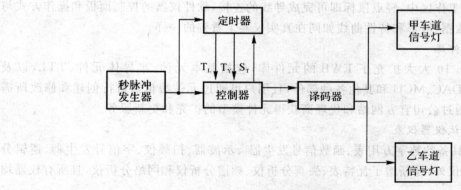

图 4.3.17　交通灯系统框图

4.可选元器件

集成电路 74LS74,74LS10,74LS00,74LS153,74LS163,NE555;电阻 51 kΩ,200 Ω;电容 10 μF;其他发光二极管。

第 5 章 电子技术仿真软件 Multisim 10 的介绍及应用

5.1 Multisim 10 概述

随着电子信息产业的飞速发展,计算机技术在电子电路设计中发挥着越来越大的作用。电子产品的设计开发手段由传统的设计方法和简单的计算机辅助设计(CAD)逐步被 EDA(Electronic Design Automation)技术所取代。EDA 技术主要包括电路设计、电路仿真和系统分析 3 个方面的内容,其设计过程的大部分工作都是由计算机完成的。这种先进的方法已经成为当前学习电子技术的重要辅助手段,更代表着现代电子系统设计的时代潮流。目前,国内外常用的 EDA 软件有 Protel,Pspice,Orcad 和 EWB(Electronics Workbench)系列软件。本章介绍 EWB 系列软件中最新的 Multisim 10 仿真软件的基本操作方法和仿真功能。

2007 年 3 月,美国国家仪器公司(National Instrument,NI)推出了最新的 NI Circuit Design Suit 10 软件,NI Multisim 10 是其中的一个重要组成部分,它可以实现原理图的捕获、电路分析、交互式仿真、电路板设计、仿真仪器测试、集成测试、射频分析、单片机等高级应用。其数量众多的元器件数据库、标准化的仿真仪器、直观的捕获界面、更加简洁明了的操作、强大的分析测试功能、可信的测试结果,将虚拟仪器技术的灵活性扩展到了电子设计者的工作平台上,弥补了测试与设计功能之间的缺口,缩短了产品研发周期,强化了电子实验教学。其特点如下:

1. 直观的图形界面

整个界面就像是一个电子实验工作平台,绘制电路所需的元器件和仿真所需的仪器仪表均可直接拖放到工作区中,轻点鼠标即可完成导线的连接,软件仪器的控制面板和操作方式与实物相似,测量数据、波形和特性曲线如同在真实仪器上看到的一样。

2. 丰富的元件库

NI Multisim 10 大大扩充了 EWB 的元件库,包括基本元件、半导体元件、TTL,以及 CMOS 数字 IC、DAC、MCU 和其他各种部件,且用户可通过元件编辑器自行创建和修改所需元件模型,还可通过公司官方网站和代理商获得元件模型的扩充和更新服务。

3. 丰富的测试仪器仪表

除了 EWB 具备的数字万用表、函数信号发生器、示波器、扫频仪、字信号发生器、逻辑分析仪和逻辑转换仪外,还新增了瓦特表、失真分析仪、频谱分析仪和网络分析仪,且所有仪器均可多台同时使用。

4. 完备的分析手段

除了 EWB 提供的直流工作点分析、交流分析、瞬态分析、傅里叶分析、噪声分析、失真分析、参数扫描分析、温度扫描分析、极点-零点分析、传输函数分析、灵敏度分析、最坏情况分析和蒙特卡罗分析外,还新增了直流扫描分析、批处理分析、用户定义分析、噪声图形分析和射频分析等,能基本满足电子电路设计和分析的要求。

5.强大的仿真能力

NI Multisim 10 既可对模拟电路和数字电路分别进行仿真,也可进行数模混合仿真,尤其新增了射频(RF)电路的仿真功能。仿真失败时会显示错误信息,提示可能出错的原因,仿真结果可随时存储和打印。

6.完美的兼容能力

NI Multisim 10 软件可方便地将模拟结果以原有文档格式导入 LABVIEW 或者 Signal Express 中,可有效地分享及比较仿真数据和模拟数据,而无需转换文件格式。

5.2 Multisim 10 软件基本界面

在了解了 Multisim 技术的发展之后,本节将详细介绍 Multisim 10 的用户基本界面的设置和操作。

单击"开始"→"程序"→"National Instruments"→"Circuit Design Suite 10.0"→"Multisim",或者双击桌面上的 Multisim 图标,弹出如图 5.2.1 所示的 Multisim 10 的软件基本界面。

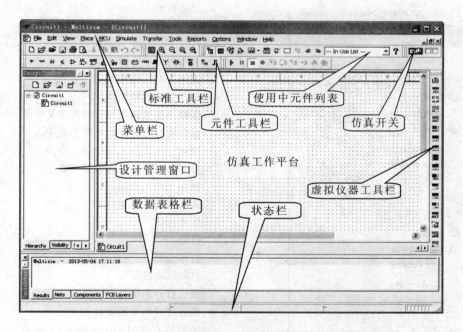

图 5.2.1 Multisim 10 的基本界面

5.2.1 Multisim 10 基本界面简介

Muttisim 10 是 NI Circuit Design Suite 10 软件中捕获原理图和仿真的软件,主要是辅助设计人员完成原理图的设计并提供仿真,为制作 PCB 做好准备。其基本界面主要由 Menu Toolbar(菜单栏),Standatd Toolbar(标准工具栏),Design Toolbox(设计管理窗口),

Component Toolbar(元件工具栏),Circuit Window(仿真工作平台),Spreadsheet View(数据表格栏),Instrument Toolbar(虚拟仪器工具栏)等组成。

(1)Menu Toolbar:Multisim 10 软件的所有功能命令均可在此查找。

(2)Standatd Toolbar:包括一些常用的功能命令。

(3)Design Toolbox:用于宏观管理设计项目中的不同类型文件,如原理图文件、PCB 文件和报告清单文件,同时可以方便地管理分层次电路的层次结构。

(4)Component Toolbar:通过该工具栏选择、放置元件到原理图中。

(5)Circuit Window:仿真工作平台,又称工作区,是设计人员创建、设计、编辑电路图和仿真分析的区域。

(6)Spreadsheet View:方便快速地显示所编辑元件的参数,如封装、参考值、属性等,设计人员可通过该窗口改变部分或全部元件的参数。

(7)Instrument Toolbar:提供了 Multisim 10 中所有仪器的功能按钮。

5.2.2 Multisim 10 菜单栏和工具栏简介

1. Menu Toolbar(菜单栏)

(1)File(文件)菜单,如图 5.2.2 所示。

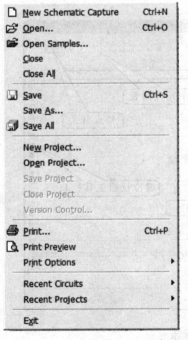

New Schematic Capture Ctrl+N	建立新的 Multisim 电路图文件
Open... Ctrl+O	打开已存在的 Multisim 电路图文件
Open Samples...	打开 Multisim 电路图示例
Close	关闭当前电路图文件
Close All	关闭所有已打开的文件
Save Ctrl+S	保存当前电路图文件
Save As...	保存当前电路图另存为其他文件名
Save All	保存所有已打开的电路图文件
New Project...	建立一个新的工程项目文件
Open Project...	打开已存在的工程项目文件
Save Project	保存当前工程项目文件
Close Project	关闭当前工程项目文件
Version Control...	版本控制
Print... Ctrl+P	打印
Print Preview	打印预览
Print Options	打印选项设置
Recent Circuits	最近打开的电路图文件
Recent Projects	最近打开的工程项目文件
Exit	退出并关闭 Multisim 程序

图 5.2.2　File(文件)菜单

(2)Edit(编辑)菜单,如图 5.2.3 所示。

(3)View(视图)菜单,如图 5.2.4 所示。

撤销最近一次操作
重复最近一次操作
剪切所选内容
复制所选内容
粘贴所选内容
删除所选内容
选中当前全部电路图
删除多页面电路文件中的某一页电路文件
将剪贴板中的电路图作为一个子电路放到指定位置上
查找电路图中的元器件
图形注释选项
改变电路图中所选元器件和注释的叠放层次
指定所选的层为注释层
层设置
对元器件进行旋转、翻转操作
设置电路图标题栏位置
编辑元器件符号或标题栏
字体设置
表单编辑
编辑与电路有关的问题
打开属性对话框

图 5.2.3　Edit(编辑)菜单

全屏显示电路窗口
显示子电路或分层电路的父节点
放大电路窗口
缩小电路窗口
放大所选区域
显示完整电路图
按所设倍率放大
以所选电路部分为中心进行放大
显示栅格
显示电路边界
显示图纸边界
显示标尺
显示状态栏
显示设计管理窗口
显示数据表格栏
显示或隐藏电路窗口的描述窗口
显示或隐藏工具栏
注释、探针显示
显示或隐藏仿真结果的图表

图 5.2.4　View(视图)菜单

(4)Place(放置)菜单,如图 5.2.5 所示。

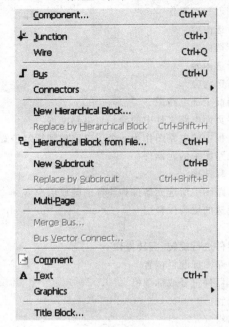

Component...	Ctrl+W	选择并放置元器件
Junction	Ctrl+J	放置节点
Wire	Ctrl+Q	放置连线
Bus	Ctrl+U	放置总线
Connectors	▶	放置连接器
New Hierarchical Block...		建立一个新的层次电路模块
Replace by Hierarchical Block	Ctrl+Shift+H	用层次电路模块替代所选电路
Hierarchical Block from File...	Ctrl+H	从文件获取层次电路
New Subcircuit	Ctrl+B	建立一个新的子电路
Replace by Subcircuit	Ctrl+Shift+B	用一个子电路代替所选电路
Multi-Page		产生多层电路
Merge Bus...		合并总线矢量
Bus Vector Connect...		放置总线矢量连接
Comment		放置提示注释
Text	Ctrl+T	放置文本
Graphics	▶	放置线、折线、矩形、椭圆、多边形等图形
Title Block...		放置一个标题栏

图 5.2.5　Place(放置)菜单

(5)Simulate(仿真)菜单,如图 5.2.6 所示。

Run	F5	运行当前电路的仿真
Pause	F6	暂停当前电路的仿真
Stop		停止当前电路的仿真
Instruments	▶	在当前电路窗口中放置各种仪表
Interactive Simulation Settings...		对于瞬态分析相关的仪表进行默认设置
Digital Simulation Settings...		在电路仿真时对数字元件的精度和速度进行选择
Analyses	▶	对当前电路进行各种分析
Postprocessor...		对电路分析进行后处理
Simulation Error Log/Audit Trail		仿真错误记录/审计追踪
XSpice Command Line Interface		显示 Xspice 命令行窗口
Load Simulation Settings...		加载仿真设置
Save Simulation Settings...		保存仿真设置
Auto Fault Option...		自动设置电路故障选择
VHDL Simulation		运行 VHDL 仿真
Dynamic Probe Properties		探针属性设置
Reverse Probe Direction		探针极性反向
Clear Instrument Data		仪器测量结果清零
Use Tolerances		允许误差

图 5.2.6　Simulate(仿真)菜单

(6)Transfer(转换)菜单,如图 5.2.7 所示。

Transfer to Ultiboard 10	传送到 Ultiboard 10
Transfer to Ultiboard 9 or earlier	传送到 Ultiboard 9 或更早版本
Export to PCB Layout	导出到其他 PCB 制图软件
Forward Annotate to Ultiboard 10	将 Multisim 10 中的元件注释改变传送到 Ultiboard 10
Forward Annotate to Ultiboard 9 or earlier	将 Multisim 10 中的元件注释改变传送到 Ultiboard 9 或更早版本
Backannotate from Ultiboard	将 Ultiboard 10 中的元件注释改变传送到 Multisim 10
Highlight Selection in Ultiboard	对 Ultiboard 电路中所选元件以高亮显示
Export Netlist	将电路图文件导出为 Spice Netlists 网表文件(＊.cir)

图 5.2.7　Transfer(转换)菜单

(7)Tools(工具)菜单,如图 5.2.8 所示。

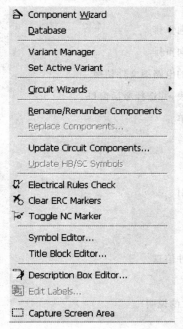

Component Wizard	创建元件向导
Database	对元件库进行管理、保存、转换和合并
Variant Manager	变更管理
Set Active Variant	设置动态变更
Circuit Wizards	为 555 定时器、运算放大电路等提供设计向导
Rename/Renumber Components	为元器件重命名、编号
Replace Components...	元器件替换
Update Circuit Components...	更新电路元器件
Update HB/SC Symbols	更新层次电路和子电路模块
Electrical Rules Check	电气规则检查
Clear ERC Markers	消除电气规则检查标记
Toggle NC Marker	对电路未连接点标识或者删除标识
Symbol Editor...	符号编辑器
Title Block Editor...	标题栏编辑器
Description Box Editor...	电路描述编辑器
Edit Labels...	编辑标签
Capture Screen Area	电路图截图

图 5.2.8　Tools(工具)菜单

(8)Reports(报表)菜单,如图 5.2.9 所示。

Bill of Materials	产生当前电路图文件的元件清单
Component Detail Report	产生特定元件在数据库中的详细信息报告
Netlist Report	产生元件连接信息的网路表文件报告
Cross Reference Report	产生当前电路窗口中所有元件的详细参数报告
Schematic Statistics	产生电路图的统计信息报告
Spare Gates Report	产生电路中未使用门的报告

图 5.2.9　Reports(报表)菜单

(9)Option(选项)菜单,如图 5.2.10 所示。

Global Preferences...	全局参数设置
Sheet Properties...	电路图或子电路图属性参数设置
Customize User Interface...	制定用户界面

图 5.2.10　Option(选项)菜单

(10)Window(窗口)菜单,如图 5.2.11 所示。

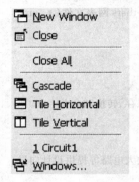

New Window	新建一个窗口
Close	关闭当前窗口
Close All	关闭所有窗口
Cascade	电路窗口层叠
Tile Horizontal	电路窗口水平方向重排
Tile Vertical	电路窗口垂直方向重排
1 Circuit1	各当前已经打开的电路图文件切换
Windows...	显示所有窗口列表,并选择激活窗口

图 5.2.11　Window(窗口)菜单

(11)Help(选项)菜单,如图 5.2.12 所示。

? Multisim Help	F1	帮助主题目录
Component Reference		元件帮助主题索引
Release Notes		版本注释
Check For Updates...		检查软件更新
File Information...	Ctrl+Alt+I	当前电路图的文件信息
Patents...		专利信息
About Multisim...		有关 Multisim 10 的说明

图 5.2.12　Help(选项)菜单

2.工具栏

Multisim 10 的工具栏主要包括 Standatd Toolbar(标准工具栏),Main Toolbar(系统工具栏),View Toobar(视图工具栏),Component Toolbar(元件工具栏),Virtual Toolbar(虚拟元件工具栏),Graphic Annotation Toolbar(图形注释工具栏),Status Toolbar(状态栏)和 Instrument Toolbar(虚拟仪器工具栏)等。若需打开相应的工具栏,可通过单击"View"→"Toolbars"菜单项,在弹出的级联子菜单中即可找到。

(1)Standatd Toolbar(标准工具栏)。Standatd Toolbar(标准工具栏)如图 5.2.13 所示,该工具栏从左到右的具体功能如下:

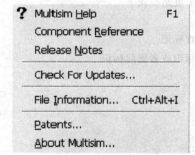

图 5.2.13　Standatd Toolbar(标准工具栏)

□:"新建"按钮,新建一个电路图文件。

🖙：“打开”按钮，打开已存在的电路图文件。

🖼：“打开图例”按钮，打开 Multisim 电路图例图。

🖫：“保存”按钮，保存当前电路图文件。

🖨：“打印”按钮，打印当前电路图文件。

🔍：“打印预览”按钮，预览将要打印的电路图。

✂：“剪贴”按钮，剪贴所选内容并放入 Windows 剪贴板。

📋：“复制”按钮，复制所选内容并放入 Windows 剪贴板。

📋：“粘贴”按钮，将 Windows 剪贴板中内容粘贴到鼠标所指位置。

↺：“撤销”按钮，撤销最近一次的操作。

↻：“重做”按钮，重做最近一次的操作。

（2）Main Toolbar（系统工具栏）。Main Toolbar（系统工具栏）如图 5.2.14 所示，该工具栏从左到右的具体功能如下：

图 5.2.14　Main Toolbar（系统工具栏）

🗂：“显示/隐藏设计管理窗口”按钮，显示或隐藏设计管理窗口。

▦：“显示/隐藏数据表格栏”按钮，显示或隐藏数据表格栏。

🗃：“元件库管理”按钮，打开元件库管理对话框。

🗄：“创建元件”按钮，打开元件创建向导对话框。

🖼：“图形/分析列表”按钮，将分析结果图形化显示。

▦：“后处理器”按键，打开后处理程序对话框。

🗹：“电气规则检查”按钮，检查电路的电气连接情况。

▢：“区域截图”按钮，将所选区域截图。

🗂：“跳转到父电路”按钮，跳转到相应的父电路。

◁：Ultiboard 后标注。

▷：Ultiboard 前标注。

`--- In Use List ---　▼`：列出当前电路元器件的列表。

❓：“帮助”按钮，打开 Multisim 10 帮助。

（3）View Toolbar（视图工具栏）。View Toolbar（视图工具栏）如图 5.2.15 所示，该工具栏功能和普通应用软件类似，所以不再详述。

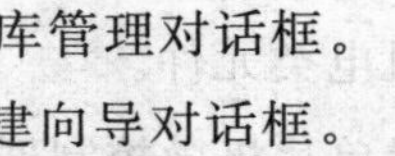

图 5.2.15　View Toolbar（视图工具栏）

（4）Component Toolbar（元件工具栏）。Component Toolbar（元件工具栏）如图 5.2.16 所示，该工具栏中从左到右的具体功能如下：

图 5.2.16　Component Toolbar(元件工具栏)

- ："电源库"按钮，放置各类电源、信号源。
- ："基本元件库"按钮，放置电阻、电容、电感、开关等基本元件。
- ："二级管库"按钮，放置各类二极管元件。
- ："晶体管库"按钮，放置各类晶体三极管和场效应管。
- ："模拟元件库"按钮，放置各类模拟元件。
- ："TTL 元件库"按钮，放置各种 TTL 元件。
- ："CMOS 元件库"按钮，放置各类 CMOS 元件。
- ："其他数字元件库"按钮，放置各类单元数字元件。
- ："混合元件库"按钮，放置各类数模混合元件。
- ："指示元件库"按钮，放置各类显示、指示元件。
- ："电力元件库"按钮，放置各类电力元件。
- ："杂项元件库"按钮，放置各类杂项元件。
- ："先进外围设备库"按钮，放置先进外围设备库。
- ："射频元件库"按钮，放置射频元件。
- ："机电类元件库"按钮，放置机电类元件。
- ："微控制器元件库"按钮，放置单片机微控制器元件。
- ："放置层次模块"按钮，放置层次电路模块。
- ："放置总线"按钮，放置总线。

(5)Virtual Toolbar(虚拟元件工具栏)。Virtual Toolbar(虚拟元件工具栏)如图 5.2.17 所示，该工具栏中从左到右的具体功能如下：

图 5.2.17　Virtual Toolbar(虚拟元件工具栏)

- ："虚拟模拟元件"按钮，放置各种虚拟模拟元件，其子工具栏如图 5.2.18 所示，其功能从上至下依次如下：
- ：限流器
- ：理想运算放大器
- ：理想运算放大器

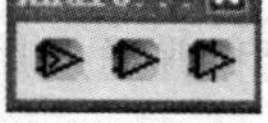

图 5.2.18　Analog Components
(虚拟模拟元件工具栏)

- ："基本元件"按钮，放置各种常用基本元件，其子工具栏如图 5.2.19 所示，其功能从左至右依次如下：

- ：电容器　　　　　　　　　　：非线性变压器
- ：无芯线圈　　　　　　　　　：电位器

:电感线圈　　　　　　　　　:继电器

:磁芯线圈　　　　　　　　　:继电器

:磁性继电器　　　　　　　　:变压器

:电阻器　　　　　　　　　　:可变电容器

:变压器　　　　　　　　　　:可变电感线圈

:变压器　　　　　　　　　　:上拉电阻

:变压器　　　　　　　　　　:变压器

　:"虚拟二极管元件"按钮,放置虚拟二极管元件,其子工具栏如图 5.2.20 所示,其具体功能从左至右依次如下:

:虚拟二极管

:齐纳二极管

图 5.2.19　Basic Components
（虚拟基本元件工具栏）

图 5.2.20　Diode Components
（虚拟二极管工具栏）

　:"虚拟 FET 元件"按钮,放置各种虚拟 FET 元件,其子工具栏如图 5.2.21 所示,其具体功能从左至右依次如下:

:虚拟 4 端子双极结 NPN 晶体管

:虚拟双极结 NPN 晶体管

:虚拟 4 端子双极结 PNP 晶体管

:虚拟双极结 PNP 晶体管

:虚拟 N 沟道砷化镓场效应晶体管

:虚拟 P 沟道砷化镓场效应晶体管

:虚拟 N 沟道结型场效应晶体管

:虚拟 P 沟道结型场效应晶体管

:N 沟道耗尽型金属氧化物场效应晶体管

:P 沟道耗尽型金属氧化物场效应晶体管

:N 沟道增强型金属氧化物场效应晶体管

:P 沟道增强型金属氧化物场效应晶体管

:N 沟道耗尽型金属氧化物场效应晶体管

:P 沟道耗尽型金属氧化物场效应晶体管

:N 沟道增强型金属氧化物场效应晶体管

图 5.2.21　Transistor Components
（虚拟 FET 元件工具栏）

▉ :P 沟道增强型金属氧化物场效应晶体管

▣ ▾ :"虚拟测量元件"按钮,放置各种虚拟测量元件,其子工具栏如图 5.2.22 所示,其具体功能从左至右依次如下:

▉ :直流电流表　　　　　　▉ :直流电压表

▉ :直流电流表　　　　　　▉ :直流电压表

▉ :直流电流表　　　　　　▉ :直流电压表

▉ :直流电流表　　　　　　▉ :直流电压表

▉ ▉ ▉ ▉ ▉ :各色逻辑指示灯

图 5.2.22　Measurement Components
（虚拟测量工具栏）

Ⓜ ▾ :"虚拟杂项元件"按钮,放置各种虚拟杂项元件,其子工具栏如图 5.2.23 所示,其具体功能从左至右依次如下:

▉ :虚拟 555 定时器

▉ :四千门系列集成电路系统

▉ :晶振

▉ :译码七段数码管

▉ :熔丝

▉ :灯泡

▉ :单稳态虚拟器件

▉ :直流电动机

▉ :光耦合器

▉ :相位锁定回路器件

▉ :七段数码管（共阳极）

▉ :七段数码管（共阴极）

图 5.2.23　Miscellaneous Components
（虚拟杂项元件工具栏）

▣ ▾ :"虚拟电源"按钮,放置各种虚拟电源,其子工具栏如图 5.2.24 所示,其具体功能从左至右依次如下:

▉ :交流电压源　　　　　　▉ :3 相电源（星型）

▉ :直流电压源　　　　　　▉ :VCC 电压源

▉ :接地（数字）　　　　　　▉ :VDD 电压源

▉ :接地　　　　　　　　　▉ :VEE 电压源

▉ :3 相电源（三角形）　　　▉ :VSS 电压源

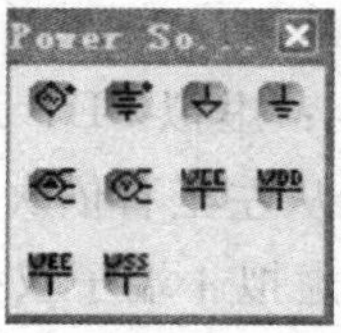

图 5.2.24　Power Source Components
（虚拟电源工具栏）

▣ ▾ :"虚拟定值元件"按钮,放置各种虚拟定值元件,其子工具栏如图 5.2.25 所示,其具体功能从左至右依次如下:

▉ :NPN 双极晶体管　　　　▉ :电动机

▉ :PNP 双极晶体管　　　　▉ :继电器

▉ :电容器　　　　　　　　▉ :继电器

▉ :二极管　　　　　　　　▉ :继电器

图 5.2.25　Reted Virtual Components
（虚拟定值元件工具栏）

:电感线圈　　　　　　　　　　　 :电阻器

:"虚拟信号源"按钮,放置各种虚拟信号源,其子工具栏如图 5.2.26 所示,其具体功能从左至右依次如下:

:交流电流信号源

:交流电压信号源

:调幅电压源

:时钟脉冲电流源

:时钟脉冲电压源

:直流电流信号源

:指数电流电流源

:指数电压电压源

:调频电流源

:调频电压源

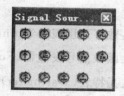

图 5.2.26　Signal Source Components
（虚拟信号源工具栏）

:分段线性电流源

:分段线性电压源

:脉冲电流源

:脉冲电压源

（6）Graphic Annotation Toolbar(图形注释工具栏)。Graphic Annotation Toolbar(图形注释工具栏)如图 5.2.27 所示,该工具栏中从左至右的功能如下:

图 5.2.27　Graphic Annotation Toolbar (图形注释工具栏)

:"总线"按钮,放置总线

:"注释"按钮,放置注释

:"图片"按钮,插入图片

:"直线"按钮,绘制直线

:"圆弧"按钮,绘制圆弧

:"椭圆"按钮,绘制椭圆

:"矩形"按钮,绘制矩形

:"多边形"按钮,绘制多边形

:"文本"按钮,放置文本

:"选取"按钮,进行选取

（7）Instruments Toolbar(虚拟仪器工具栏)如图 5.2.28 所示,该工具栏中从左至右的功能如下:

图 5.2.28　Instruments Toolbar(虚拟仪器工具栏)

:数字万用表(Multimeter)

:函数信号发生器(Function Generator)

:瓦特表(Wattmeter)

:双踪示波器(Oscilloscope)

:4 通道示波器

:波特图仪(Bode Plotter)

:频率计数器(Frequency Counter)

:字信号发生器(Word Generator)

:逻辑分析仪(Logic Analyzer)

:逻辑转换仪(Logic Converter)

:IV 分析仪(IV Analyzer Oscilloscope)

:失真分析仪(Distortion Analyzer)

:频谱分析仪(Spectrum Analyzer)

:网络分析仪(Network Analyzer)

:安捷伦函数信号发生器(Agilent Function Generator)

:安捷伦数字万用表(Agilent Multimeter)

:安捷伦示波器(Agilent Oscilloscope)

:泰克示波器(Textronix Oscilloscope)

:测量探针(Measurement Probe)

:LabVIEW 仪器(LabVIEW Instrument)

:电流探针(Current Probe)

5.3　Multisim 10 右键菜单功能

Multisim 10 软件除了以上介绍的各种菜单和工具栏之外,还有很多更方便更快捷的命令和菜单,其中各种右键菜单就是比较常用的一类快捷菜单。

5.3.1　在仿真工作区空白处单击鼠标右键弹出的快捷菜单

在电路仿真工作区中的空白部分,直接单击鼠标右键,即会弹出如图 5.3.1 所示的快捷菜单,该快捷菜单中共包括 16 个命令和 22 个子命令,具体功能如表 5.3.1 所示。

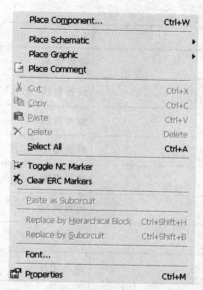

图 5.3.1　在仿真工作区空白处单击鼠标右键弹出的快捷菜单

表 5.3.1　在仿真工作区空白处单击鼠标右键弹出的快捷菜单的功能注释

命令名称		功能注释
Place Component		在元器件库中选择并放置元件
Place Schematic	Component	在元器件库中选择并放置元件
	Junction	放置一个节点
	Wire	在仿真工作区中连线
	Bus	放置总线
	HB/SC Connector	为层次电路或子电路设置端口连接器
	Off – Page Connector	放置 Off – Page 端口连接器
	Bus HB/SC Connector	为层次电路或子电路设置总线端口连接器
	Bus Off – Page Connector	放置 Off – Page 总线连接器
	Hierarchical Block From File	将打开的文件作为内置的层次电路模块
	New Hierarchical Block	新建一个层次电路模块并设置基本属性
	Replace by Hierarchical Block	用层次电路模块替换
	New Subcircuit	新建一个子电路模块
	Replace by Subcircuit	用子电路模块替换
	Multi – Page	打开一个新的平铺页面
	Merge Bus	合并选择的总线
	Bus Vector Connect	为多引脚的器件放置连接

续　表

命令名称		功能注释
Place Grahpic	Text	放置文本
	Line	放置直线(无电气特征)
	Multiline	放置折线
	Rectangle	放置矩形
	Ellipse	放置椭圆
	Arc	放置弧线
	Polygon	放置多边形
	Picture	插入图片
Cut		剪贴所选对象到剪贴板
Copy		复制所选对象到剪贴板
Paste		粘贴剪贴板中的内容到工作区中
Delete		删除所选对象
Select all		选中工作区中所有对象
Toggle NC Marker		在元器件引脚上放置一个无连接标记
Clear ERC Markers		清除工作区中的电气规则检查标记
Paste as Subcircuit		将剪贴板中内容作为子电路放置在工作区中
Replace by Hierarchical Block		用层次电路模块替换
Replace by Subcircuit		用电子电路模块替换
Font		字体设置
Properties		弹出"Sheet Properties"对话框

5.3.2　在选中的元件或仪器上单击鼠标右键弹出的快捷菜单

在电路仿真工作区中选中某一元件或者器件,在该对象上单击鼠标右键,即会弹出如图 5.3.2 所示的快捷菜单。该快捷菜单共包括 19 个命令,具体功能如表 5.3.2 所示。

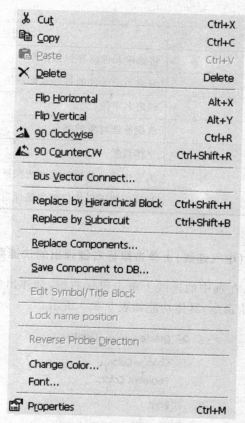

图 5.3.2　在选中的元件或仪器上单击鼠标右键弹出的快捷菜单

表 5.3.2　在选中的元件或仪器上单击鼠标右键弹出的快捷菜单的功能注释

命令名称	功能注释
Cut	剪贴所选对象到剪贴板
Copy	复制所选对象到剪贴板
Paste	粘贴剪贴板中的内容到工作区中
Delete	删除所选对象
Filp Horizontal	将选中对象水平翻转
Filp Vertical	将选中对象垂直翻转
90 Clockwise	将选中对象顺时针旋转90°
90 CounterCW	将选中对象逆时针旋转90°
Bus Vector Connect	显示总线向量连接器对话框
Replace by Hierarchical Block	用层次电路模块替换
Replace by Subcircuit	用子电路模块替换
Replace Components	用新元件替换当前元件

续 表

命令名称	功能注释
Save Component	将选中元件保存到数据库
Edit Symbol/Title Block	编辑当前元件的符号或标题块
Lock name position	锁定名字位置
Change Color	改变所选对象的颜色
Font	字体设置
Reverse Probe Direction	为选中的仪器探针或电流探针设置反极性
Properties	打开所选元件或仪器的属性对话框

5.3.3 在选中的连线(电气连线)上单击鼠标右键弹出的快捷菜单

在电路仿真工作区中,在选中的连线上单击鼠标右键,会弹出如图 5.3.3 所示的快捷菜单。该快捷菜单共包括 5 个命令,具体功能如表 5.3.3 所示。

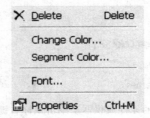

图 5.3.3　在选中的连线上单击鼠标右键弹出的快捷菜单

表 5.3.3　在选中的连线上单击鼠标右键弹出的快捷菜单的功能注释

命令名称	功能注释
Delete	删除所选对象
Change Color	改变所选对象的颜色
Segment Color	在默认值中改变所选连线的颜色
Font	字体设置
Properties	打开所选连线的属性对话框

5.3.4 在选中的文本或图形对象上单击鼠标右键弹出的快捷菜单

在电路仿真工作区中,在选中的文本或图形对象上单击鼠标右键,即会弹出如图 5.3.4 所示的快捷菜单。该快捷菜单共包括 15 个命令和 27 个子命令,具体功能如表 5.3.4 所示。

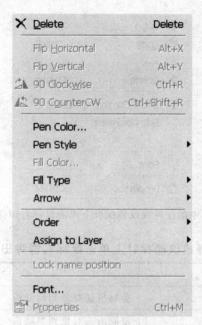

图 5.3.4　在选中的文本或图形对象上单击鼠标右键弹出的快捷菜单

表 5.3.4　在选中的文本或图形对象上单击鼠标右键弹出的快捷菜单的功能注释

命令名称	功能注释
Delete	删除所选对象
Filp Horizontal	将选中对象水平翻转
Filp Vertical	将选中对象垂直翻转
90 Clockwise	将选中对象顺时针旋转90°
90 CounterCW	将选中对象逆时针旋转90°
Pen Color	为选中对象修改颜色
Pen Style	为选中图形修改笔形
Fill Color	为选中图形修改填充颜色
Fill Type	为选中图形修改填充外观
Arrow	放置一个箭头
Order	将选中对象前置或后置
Assign to Layer	放置选中对象到相应的层
Lock name position	锁定名字位置
Font	字体设置
Properties	属性设置

5.3.5　在选中的注释或仪器控针上单击鼠标右键弹出的快捷菜单

在电路仿真工作区,在选中的标题块上单击鼠标右键,即会弹出如图 5.3.5 所示的快捷菜单。该快捷菜单共包括 9 个命令,具体功能如表 5.3.5 所示。

图 5.3.5　在选中的注释或仪器探针上单击鼠标右键弹出的快捷菜单

表 5.3.5　在选中的注释或仪器探针上单击鼠标右键弹出的快捷菜单的功能注释

命令名称	功能注释
Cut	剪贴所选对象到剪贴板
Copy	复制所选对象到剪贴板
Paste	粘贴剪贴板中的内容到工作区中
Delete	删除所选对象
Show Comment/Probe	显示注释或探针的内容
Edit Comment	编辑所选的注释
Reverse Probe Direction	翻转所选探针的极性
Font	字体设置
Properties	对象属性设置

5.4　虚拟仪器仪表的使用

　　Multisim 10 软件给用户提供了大量虚拟仪器仪表进行电路的仿真测试和研究,这些虚拟仿真仪器仪表的操作、使用、设置和观测方法与真实仪器几乎完全相同,就好像在真实的实验室环境中使用仪器。在仿真过程中,这些仪器能够非常方便地检测电路工作情况并对仿真结果进行显示和测量。从 Multisim 8 以后,用户可利用 NI 公司的图形化编程软件 LabVIEW 制定自己所需的虚拟仪器,用于仿真电路的测试和控制,极大地扩展了 Multisim 系列软件的仿真功能。在本节中将介绍 Multisim 10 中自带的一些常用虚拟仪表的基本功能和使用方法。

5.4.1　Voltmeter 和 Ammeter(电压表和电流表)

　　电压表和电流表都放在指示元器件库中,在使用中数量没有限制,可用来测量交/直流电压和电流,其中电压表并联、电流表串联。为了使用方便,指示元器件库中有引出线垂直、水平两种形式的仪表。水平形式的电压表和电流表图标如图 5.4.1 所示。

双击电压表或电流表图标将弹出参数对话框,可设置其内阻的大小,通过参数对话框还可对内阻和交直流模式等内容进行设置。

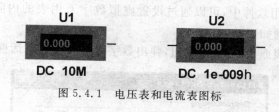

图 5.4.1 电压表和电流表图标

5.4.2 Multimeter(数字万用表)

Multisim 10 提供的万用表外观和操作与实际的万用表相似,可以测电流(A)、电压(V)、电阻(Ω)和分贝值(dB),测直流或交流信号。万用表有正极和负极两个引线端。在仪器栏选中数字万用表后,电路工作区将弹出如图 5.4.2(a)所示的图标,双击数字万用表图标,弹出如图 5.4.2(b)所示的数字万用表面板,以显示测量数据和进行数字万用表参数的设置。

1.功能选择

在数字万用表面板中的参数显示框下面,有 4 个功能选择键,具体功能如下:

A(电流挡):测量电路中某支路的电流。测量时,数字万用表应串联在待测支路中。用作电流表时,数字万用表的内阻非常小(1nΩ)。

V(电压挡):测量电路两节点之间的电压。测量时,数字万用表应与两节点并联。用作电压表时,数字万用表的内阻非常高,可以达到 1GΩ。

Ω(欧姆挡):测量电路两节点之间的电阻。被测节点和节点之间的所有元件当作一个"元件网络"。测量时,数字万用表应与"元件网络"并联。

dB(电压耗损分贝挡):测量电路中两个节点间压降的分贝值。测量时,数字万用表应与两节点并联。电压损耗分贝的计算公式如下:

$$dB = 20lg \left| \frac{v_o}{v_i} \right|$$

其中 v_o 和 v_i 分别为输出电压和输入电压。

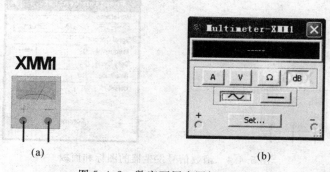

(a)

(b)

图 5.4.2 数字万用表图标和面板

2.选择被测信号的类型

单击 $\sim$ 按钮表示测量交流,交流挡测量交流电压或电流信号的有效值。单击 $\underline{\quad}$ 按钮表示测量直流,直流挡测量直流电压或者电流的大小。

3.面板设置

在 Multisim 10 应用软件中,可以通过设置虚拟数字万用表的内阻来真实地模拟实际仪表的测量结果,具体步骤如下:

(1)单击数字万用表面板的"Set"按钮,弹出数字万用表设置对话框,如图 5.4.3 所示。

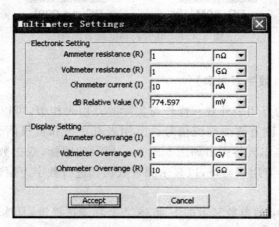

图 5.4.3　数字万用表控制参数设置对话框

(2)设置相应的参数。

(3)设置完成后,单击"Accept"按钮保存所做的设置,单击"Cancel"按钮取消本次设置。

5.4.3　Function generator(函数信号发生器)

Multisim 10 提供的函数信号发生器可以产生正弦波、三角波和矩形波,信号频率可在 1Hz~999MHz 范围内调整。信号的幅值以及占空比等参数也可以根据需要进行调节。信号发生器有 3 个引线端口:负极、正极和公共端。函数信号发生器的图标和面板如图 5.4.4 所示。

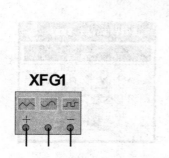
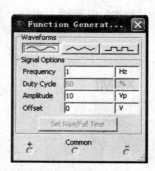

图 5.4.4　函数信号发生器的图标和面板

函数信号发生器的面板设置如下:

1. 功能选择

单击如图 5.4.4 所示的 〜、〜|、 ⌐⌐ 条形按钮,就可以选择相应的正弦波、三角波、矩形波的输出波形。

2. 信号参数选择

(1)频率(Frequency):设置输出信号的频率,设置范围为 1Hz~999MHz。

(2)占空比(Duty Cycle):设置输出信号的持续期和间歇期的比值,设置的范围为 1%~99%。该设置仅对三角波和方波有效,对正弦波无效。

(3)振幅(Amplitude):设置输出信号的幅度,设置的范围为 0.001pV~1 000TV。

(4)偏差(Offset):设置输出信号中直流成分的大小,设置的范围为 -999~999kV。默认值为 0,表示输出电压没有叠加直流成分。

此外,单击图"Set Rise/Fall Time"按钮,弹出 Set Rise/Fall Time 对话框,可以设置输出信号的上升/下降时间。Set Rise/Fall Time 对话框只对矩形波有效。

5.4.4　Wattmeter(瓦特表)

Multisim 10 提供的瓦特表用来测量电路的交流或直流功率,常用于测量较大的有功功率,也就是电压差和流过电流的乘积,单位为瓦特。瓦特表不仅可以显示功率大小,还可以显示功率因数,即电压与电流间的相位差角的余弦值。瓦特表的图标与面板如图 5.4.5 所示,共有 4 根引线输入端口:Voltage(电压正极和负极)、Current(电流正极和负极)。其中电压输入端与被测量电路并联,电流输入端与被测量电路串联。瓦特表的面板没有可以设置的选项,只有两个条形显示框,主显示框用于显示功率,下方显示框用于显示功率因数。

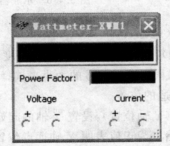

图 5.4.5　瓦特表的图标和面板

5.4.5　Oscilloscope(双通道示波器)

Multisim 10 提供的双通道示波器与实际的示波器外观和基本操作大致相同,该示波器可以观测一路或两路信号波形的形状,分析被测周期信号的幅值和频率。示波器标有 6 个连接点:A 通道输入和接地、B 通道输入和接地、Ext Trig 外触发端和接地。示波器控制面板和图标如图 5.4.6 所示。

示波器的控制面板分为以下 4 个部分。

1. Time base (时间基准)

(1)Scale(量程):设置显示波形时的 X 轴时间基准。基准为 1ps/Div~100Ts/Div,改变其参数可将波形水平方向展宽或压缩。

（2）X position（X 轴位置）：设置 X 轴的起始位置。

（3）显示方式有 4 种：Y/T 方式指的是 X 轴显示时间，Y 轴显示电压值。这是最常用的方式，一般用以测量电路的输入、输出电压波形。Add 方式指的是 X 轴显示时间，Y 轴显示 A 通道和 B 通道电压之和；A/B 或 B/A 方式指的是 X 轴和 Y 轴都显示电压值，常用于测量电路传输特性。

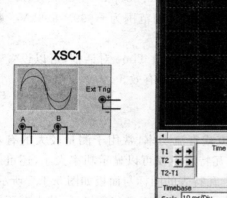

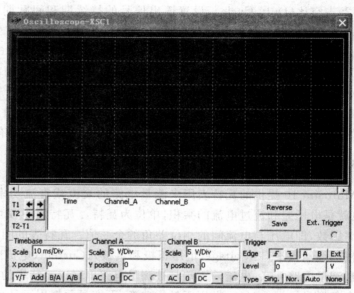

图 5.4.6　示波器图标和控制面板

2．Channel A（通道 A）

（1）Scale（量程）：通道 A 的 Y 轴电压刻度设置。Y 轴电压刻度设置范围为10pV/Div～1 000TV/Div，可以根据输入信号的大小来选择 Y 轴电压刻度值的大小，使信号波形在示波器显示屏上显示出合适的位置。

（2）Y position（Y 轴位置）：设置 Y 轴的起始点位置，起始点为 0 表明 Y 轴起始点在示波器显示屏中线；起始点为正值表明 Y 轴远点位置向上移，否则向下移。

（3）触发耦合方式：AC（交流耦合）、0（0 耦合）或 DC（直流耦合），交流耦合只显示交流分量；直流耦合显示直流和交流之和；0 耦合，在 Y 轴设置的原点处显示一条直线。

3．Channel B（通道 B）

通道 B 的 Y 轴量程、起始位置、耦合方式等项内容的设置与通道 A 相同。

4．Tigger（触发）

触发方式主要用来设置 X 轴的触发信号、触发电平及边沿等。

（1）Edge（边沿）：设置被测信号开始的边沿，设置先显示上升沿或下降沿。

（2）Level（电平）：设置触发信号的电平，使触发信号在某一电平时启动扫描。

（3）触发信号选择：Auto（自动）、通道 A 和通道 B 表明用相应的通道信号作为触发信号，Ext 为外触发，Sing 为单脉冲触发，Nor 为一般脉冲触发。示波器通常采用 Auto（自动）触发方式，此方式依靠计算机自动提供触发脉冲示波器采样。

5.4.6　4 Channel Oscilloscope(四通道示波器)

四通道示波器与双通道示波器的使用方法和参数调整方式完全一样,只是多了一个通道控制器旋钮,如图 5.4.7 所示。当旋钮拨到某个通道位置时,才能对该通道的 Y 轴进行调整。具体使用方法和设置参考双通道示波器的介绍。

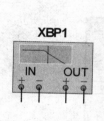

图 5.4.7　通道控制器

5.4.7　Bode Plotter(波特图仪)

利用波特图仪可以方便地测量和显示电路的频率响应,波特图仪适合于分析滤波电路或电路的频率特性,特别易于观察截止频率。波特图仪的图标和面板如图 5.4.8 所示。图标所示波特图仪有 IN 和 OUT 两对端口,其中 IN 端口的"+"和"−"分别接电路输入端的正端和负端;OUT 端口的"+"和"−"分别接电路输出端的正端和负端;使用波特图仪时必须在电路的输入端接交流信号源。交流信号源的频率不影响波特图仪对电路性能的测量。

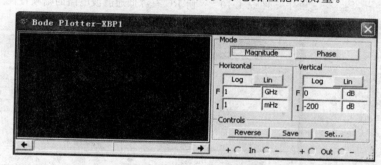

图 5.4.8　波特图仪的图标和面板

波特图仪控制面板分为 Magnitude(幅值)或 Phase(相位)的选择、Horizontal(横轴)设置、Vertical(纵轴)设置、显示方式的其他控制信号,面板中的 F 指的是终值,I 指的是初值。在波特图仪的面板上,可以直接设置横轴和纵轴的坐标及其参数。

下面以一阶 RC 有源低通滤波电路为例,说明波特图仪控制面板设置及使用方法。首先,创建一阶 RC 滤波电路,输入端加入正弦波信号源,正弦波信号源频率可任意选择,再将波特图仪按图 5.4.9 所示连接。电路输出端与示波器相连,目的是为了观察不同频率的输入信号经过 RC 滤波电路后输出信号的变化情况。

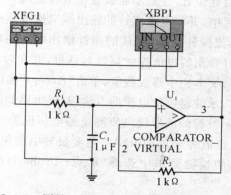

图 5.4.9　测量一阶 RC 有源低通滤波电路接线图

调整纵轴幅值测试方位的初值 I 和终值 F。打开仿真开关,单击"Magnitude"(幅频特性)在波特图观察窗口可以看到幅频特性曲线,如图 5.4.10 所示;单击"Phase"(相频特性)可以在波特观察窗口看到相频特性曲线,如图 5.4.11 所示。用鼠标拖动读数指针,读数指针与曲线的交点处的频率和增益或相位角的数值将显示在波特图仪下部的读数框中。

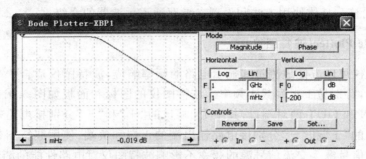

图 5.4.10　一阶 RC 有源低通滤波电路的幅频特性

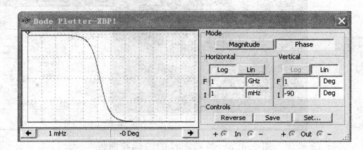

图 5.4.11　一阶 RC 有源低通滤波电路的相频特性

5.4.8　CurrentProbe(电流探针)

电流探针是效仿工业应用电流夹的动作,将电流转换为输出端口电阻丝器件的电压。如果输出端口连接的是一台示波器,则电流是基于探针上电压与电流的比率来确定的。其放置和使用方法如下:

(1)在仪器工具栏中选择电流探针。

(2)将电流探针放置在目标位置(注意不能放置在节点上)。

(3)放置示波器在工作区中,并将电流探针的输出端口连接至示波器。

为了能效仿现实中的电流探针状态,默认的探针输出电压与电流比率为 1V/mA。若要修改该比率,可双击电流探针弹出的电流探针属性对话框,并在对话框中的"Ratio of Voltage to Current"(电压-电流比率)文本栏中修改数值,单击"Accept"确认即可。

下面介绍利用电流探针、示波器测量电流的方法,测试电路如图 5.4.12 所示。

根据如图 5.4.13 所示示波器的波形读出所测量的电压值为 919.310V,而默认的比率为 1V/mA,可以得到对应的电流值为 919.310mA。若要反转电流探针输出的极性,在电流探针上单击鼠标右键,并从弹出的快捷菜单中选择"Rever Probe Direction"(翻转探针极性)命令即可。

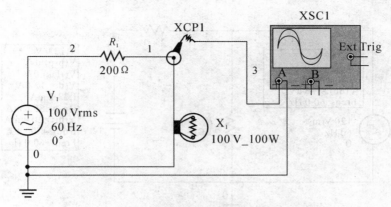

图 5.4.12　电流探针测试电流

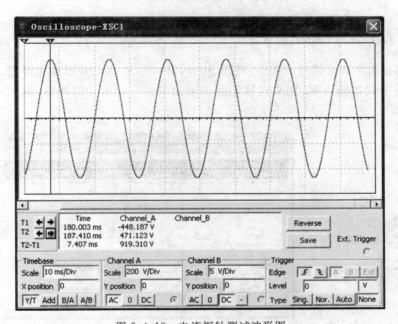

图 5.4.13　电流探针测试波形图

5.4.9　Measurement Probe(测量探针)

在整个电路仿真过程中,测量探针可以用来对电路的某个点的电位、某条支路的电流或频率等特性进行动态测试,使用起来较其他仪器更加方便、灵活。其主要有动态测试和放置测试两种功能。动态测试即仿真时用测量探针移动到任何点时,会自动显示该点的电信号信息;而放置测试则是在仿真前或仿真时,将测量探针放置在目标位置上。仿真时该点自动显示相应的电信号信息。

在如图 5.4.14 所示的测量探针测试电路中,左方是动态测试结果,右方为放置测试结果。

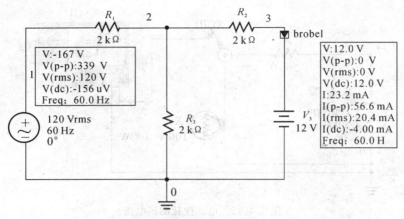

图 5.4.14　测量探针测试电路

5.4.10　Frequency couter(频率计)

频率计主要用来测量信号的频率、周期、相位,脉冲信号的上升沿和下降沿。频率计数器的图标只有一个仪器输入端,用来连接电路的输出信号。频率计的图标、面板以及使用如图5.4.15 所示。

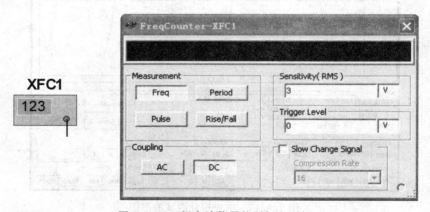

图 5.4.15　频率计数器的图标和面板

使用过程中应注意根据输入信号的幅值调整频率计的 Sensitivity(灵敏度)和 Trigger Level(触发电平)。例如,用频率计测量函数发生器信号脉冲时,频率计的面板设置如图5.4.16所示。选择 Trigger Level(触发电平)注意:输入信号必须大于触发电平才能进行测量。测量结果与函数信号发生器的输出频率一致。

5.4.11　仿真 Agilent 仪器

仿真 Agilent 仪器有三种:Agilent Function Generator(安捷伦函数信号发生器)、Agilent Multimeter(安捷伦数字万用表)、Agilent Oscilloscope(安捷伦数字示波器)。这三种仪器与真实仪器的面板、按钮、旋钮操作方式完全相同,使用起来更加真实。

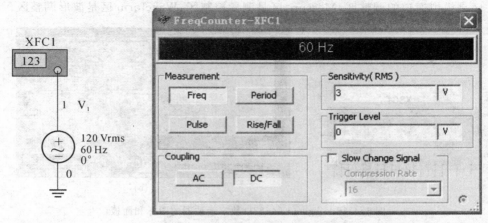

图 5.4.16　频率计测试结果及面板

1. Agilent Function Generator（安捷伦函数信号发生器）

Multisim 10 仿真软件提供的 Agilent 33120A 是安捷伦公司生产的一种宽频带、多用途、高性能的函数信号发生器，它不仅能产生正弦波、方波、三角波、锯齿波、噪声源和直流电压等 6 种标准波形，而且还能产生按指数下降的波形、按指数上升的波形、负斜波函数、Sa（x）及 Cardiac（心律波）等 5 种系统存储的特殊波形和 8～256 点描述的任意波形。Agilent 33120A 的图标和面板如图 5.4.17 所示。图标包括两个端口，其中上面 Sync 端口是同步方式输出端，下面 Output 端口是普通信号输出端。单击最左侧的电源按钮，即可按照要求输出信号。

图 5.4.17　安捷伦 Agilent 33120A 函数信号发生器图标和面板

2. Agilent Oscilloscope（安捷伦数字示波器 Agilent 54622D）

Multisim 10 仿真软件提供的 Agilent 54622D 是带宽为 100MHz、具有两个模拟通道和 16 个逻辑通道的高性能示波器。Agilent 54622D 的图标如图 5.4.18（a）所示，图标下方有两个模拟通道（通道 1 和通道 2）、16 个数字逻辑通道（D0～D15），面板右侧有触发端、数字地和探针补偿输出。

双击 Agilent 54622D 图标，弹出 54622D 数字示波器的面板，如图 5.4.18（b）所示。其中，POWER 是 54622D 示波器的电源开关，INTENSITY 是 54622D 示波器的灰度调节旋钮，在电源开关和 INTENSITY 之间是软驱，软驱上面是设置参数的软按钮，软按钮上面是示波器的显示屏。Horizontol 区是时基调整区，Run Control 区是运行控制区，Trigger 区是触发区，

Digital 区是模拟通道的调整区,Measure 区是测量控制区,Waveform 区是波形调整区。

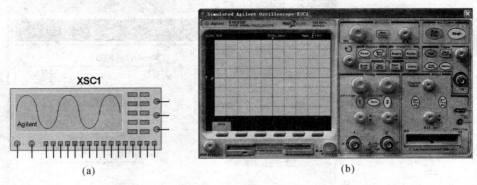

图 5.4.18　Agilent 54622D 数字示波器的图标和面板

3. Agilent Multimeter(安捷伦数字万用表 Agilent 34401A)

Aglient 34401A 是一种 $6\frac{1}{2}$ 位高性能的数字万用表。合理的按钮功能使操作者可以很容易地选择所需的测量功能。它不仅具有传统的测试功能,如交/直流电压、交/直流电流、信号频率、周期和电阻的测试,还具有某些高级功能,如数字运算功能、dB、dBm、界限测试和最大/最小/平均等功能。Aglient 34401A 的图标和面板如图 5.4.19 所示。图中的 1,2,3,4,5 是 Aglient 34401A 对外的连接端,其中 1,2 端为正极,3,4 端为负极,5 端为电流流入端。单击最左侧的电源按钮,即可使用万用表实现对各种电类参数的测量。

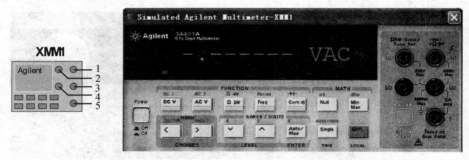

图 5.4.19　安捷伦数字万用表 Agilent 34401A 的图标和面板

5.5　建立电路基本操作

在熟悉了 Multisim 10 的基本界面设置和虚拟仪器仪表使用之后,本节将介绍如何放置元器件,如何连线,最终建立一个电路并进行仿真。第一步是要确定所需要使用的元件,将其放置在电路仿真工作平台中相应的位置;第二步是整体布局并确定各元件的摆放方向,最后连接元件及进行其他的设计准备。

1. 向工作区添加元器件,修改元器件的显示参数

利用 Multisim 10 进行电路设计的第一个步骤就是按照设计好的电路原理图的草图在 Multisim 10 的工作区添加元器件。向工作区添加元器件的方法有 4 种,下面分别介绍这 4 种

方法。

（1）通过菜单来放置元器件。在 Multisim 10 中，在【Place】菜单下选择"Component"项，就会弹出元器件选择对话框，如图 5.5.1 所示。

（2）通过元器件工具栏放置元器件。在元器件工具栏中选择要放置的元器件，单击元器件库的图标，就可以打开如图 5.5.1 所示的元器件选择对话框。

（3）通过右键进行选择。在工作区单击鼠标右键，选择"Place Component"项，就可以打开如图 5.5.1 所示的元器件选择对话框。

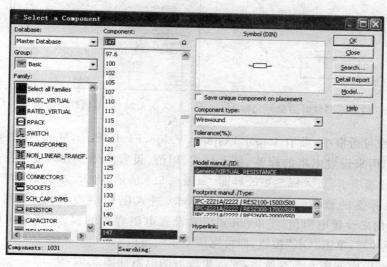

图 5.5.1　元器件选择对话框

（4）通过键盘快捷键。按下 Ctrl＋W 快捷键，同样可以打开如图 5.5.1 所示的元器件选择对话框。

在如图 5.5.1 所示的元器件选择对话框中，共分 3 个区域。左边区域是元器件类别选择区域，包括元器件所在的数据库、元器件所在的组和元器件的类别；中间区域是选择元器件的属性值；右边区域是选定元器件的符号、功能、引脚及封装等信息。

向工作区添加需要的元器件时，首先要确定元器件所在的数据库 Database，再在 Group 中选择元器件所在的组，然后在 Family 中选择元器件所在的类，在中间的属性区域中选择元器件的属性值，单击"OK"按钮（或者按 Enter 键）就可以将元器件从数据库中调出。调出之后，鼠标显示为如图 5.5.2 所示的形状。此时在工作区单击，就可以将选中的元器件放在工作区。

通常情况下，元器件的参数并不是我们需要的，因此就需要更改元器件的相关参数。下面通过更改一个电阻的名称及阻值来说明如何更改元器件的参数。

按下 Ctrl＋W 快捷键，打开元器件选择对话框，往工作区随意添加一个电阻。此时，需要将该电阻的名称改为 R_{p}，阻值改为 $2.2\mathrm{M}\Omega$。双击电阻，可以打开如图 5.5.3 所示的对话框。

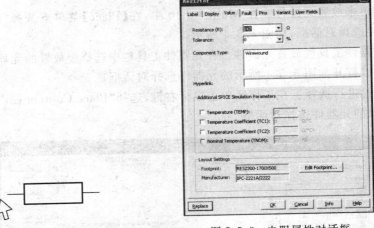

图 5.5.2　放置元器件时的鼠标光标

图 5.5.3　电阻属性对话框

在电阻属性对话框中，共有 Label,Display,Value,Fault,Pins,Variant,User Fields 等 7 个选项卡，分别用来设置电阻的标签、显示模式、阻值、设置故障、引脚、变量及用户自定义信息。选择 Label 选项卡，进入标签更改界面，如图 5.5.4 所示，将 R_1 改为 R_p，单击"OK"按钮，即可完成电阻标签的修改。选择 Value 选项卡，进入阻值更改界面，如图 5.5.5 所示，Resistance(R)用来设置电阻值，Tolerance 用来设置电阻容许的误差，将电阻的阻值更改为 2.2MΩ，误差为 0％，单击"OK"按钮，即可完成电阻的更改。

更改以前的电阻如图 5.5.6 所示，完成更改后的电阻如图 5.5.7 所示。

其他元器件参数的更改方法和电阻参数的更改方法一样，这里就不作过多的介绍了。

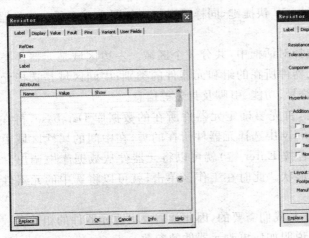

图 5.5.4　Label 选项卡

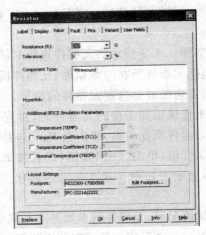

图 5.5.5　Value 选项卡

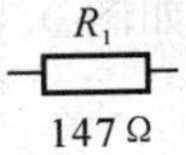

R_1

147 Ω

图 5.5.6　电阻值为 147Ω 的电阻 R_1

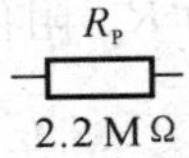

R_p

2.2 MΩ

图 5.5.7　电阻值为 2.2MΩ 的电阻 R_p

2. 布线(放置导线)

在工作区放好了元器件后,需要用导线把这些元器件按照设计的电路图连接起来,在电路中放置导线有以下 3 种方法:

(1)用鼠标放置。将光标移向元器件的引脚时,光标变成如图 5.5.8 所示,此时单击,就可以引出一条导线,如图 5.5.9 所示。把导线指向下一个元器件的引脚时,该元器件的引脚上会出现一个红色的圆点,如图 5.5.10 所示。在红色原点处单击,就可以在两个元器件之间放置一条导线,完成之后的连线如图 5.5.11 所示。

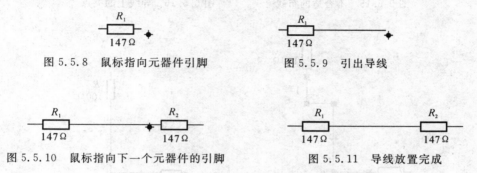

图 5.5.8　鼠标指向元器件引脚　　　　　图 5.5.9　引出导线

图 5.5.10　鼠标指向下一个元器件的引脚　　图 5.5.11　导线放置完成

(2)从菜单中选择。从【Place】菜单中选择"Wire"项,将鼠标定位在工作区,光标会变成如图 5.5.12 所示的十字光标,将光标指向需要连接的元器件的引脚,光标就变成如图 5.5.8 所示的光标,单击左键,然后移动光标,指向下一个元器件的引脚处单击左键,就可以在两个元器件之间放置一条导线。

(3)键盘快捷放置导线。将光标定位在 Multisim 的工作区,按下 Ctrl+Shift+W 组合键,光标变成如图 5.5.12 所示的十字光标,当光标移向第一个元器件的引脚时,光标变成如图 5.5.8 所示的形状,单击引出导线,指向另外一个元器件的引脚处再单击,就可以在两个元器件之间放置一条导线。

在电路的设计中,导线不可能总是布置成直线。当导线需要在某一点转折时,需先将引线引导至转折点,在工作区单击,然后指向转折之后的角度,如图 5.5.13 所示。双击,就可以放置导线,放置好的导线如图 5.5.14 所示。

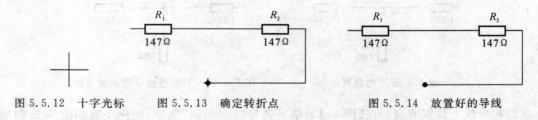

图 5.5.12　十字光标　　图 5.5.13　确定转折点　　　　图 5.5.14　放置好的导线

如果布置好导线之后,发现导线的位置不合适,如图 5.5.15 所示。此时,就需要将导线移动到一个合适的位置。单击导线,导线上显示出一些点(夹点),如图 5.5.16 所示,这些点可以控制导线的走向。将光标移动到要移动的导线分支,光标如图 5.5.17 所示,移动光标,将选中的导线分支移动到合适的位置即可,移动完成之后的布线如图 5.5.18 所示。

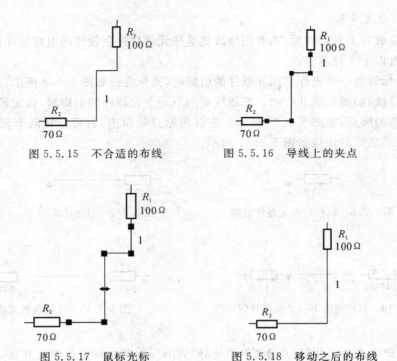

图 5.5.15　不合适的布线　　　　图 5.5.16　导线上的夹点

图 5.5.17　鼠标光标　　　　　　图 5.5.18　移动之后的布线

3. 向工作区放置节点

有时要给连接好的导线上放置节点,然后从节点向另外的元件引线。如图 5.5.19 所示的电阻网络,需要从导线中间引出一条导线,连接 R_3 和 R_4 电阻。完成这一操作,有以下 3 种方法。

(1)直接连接到导线。直接从 R_4 引出导线,光标遇到 R_1 和 R_2 之间的导线时单击,就可以自动在交叉点处生成一个节点,如图 5.5.20 所示,再从 R_3 的引脚向节点引出导线即可。

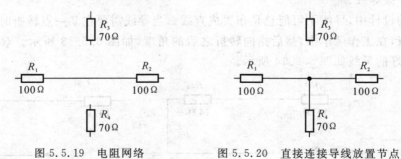

图 5.5.19　电阻网络　　　　　图 5.5.20　直接连接导线放置节点

(2)在导线上放置节点。在【Place】菜单下选择"Junction"选项,光标变成如图 5.5.21 所示。单击就可以放置一个节点,如图 5.5.22 所示。再从该节点引出一条导线,指向下一个元器件即可。

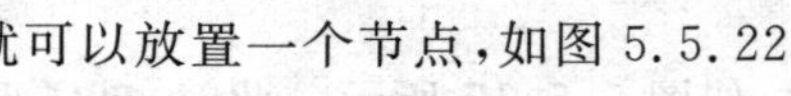

图 5.5.21　放置节点时的光标 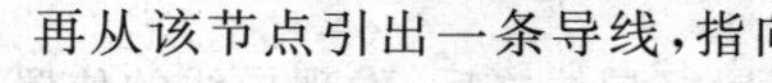　　　　图 5.5.22　节点放置完成

（3）利用快捷键放置节点。将光标定位在 Multisim 的工作区，按下 Ctrl＋J 组合键，光标变成如图 5.5.21 所示。此时，在导线上需要放置节点的位置单击，就可以放置一个节点，如图 5.5.22 所示。

4. 在电路中放置仿真仪器

Multisim 10 中的元器件和仿真仪器分为两种：一种是虚拟（Virtual）类型的元器件和仿真仪器，如图 5.5.23 所示；另外一种是仿真仪器。

图 5.5.23　虚拟仿真仪器

如图 5.5.23 所示的虚拟仿真仪器中，从左至右依次为模拟系列、基础元件库系列、二极管系列、晶体管系列、测量仪器系列、多样仪器系列、电源系列、额定系列、信号源系列。

以上两种仿真仪器可以单独使用，也可混合在同一个电路中使用。下面通过一个简单的实例演示如何向电路中添加这两种仿真仪器。我们的目的是测量如图 5.5.24 所示的电阻网络中流过各个电阻上的电流和电阻 R_5 上的功率。

（1）向电路中添加虚拟仿真仪器。为了方便测量电阻网络中各个支路的电流，可以利用虚拟仿真仪器中的电流表来进行测量。从虚拟仿真仪器工具栏的测量系列中选择电流表，放置到电路中，如图 5.5.25 所示。

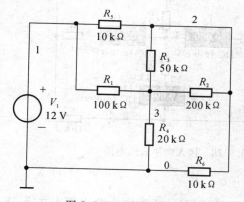

图 5.5.24　电阻电路

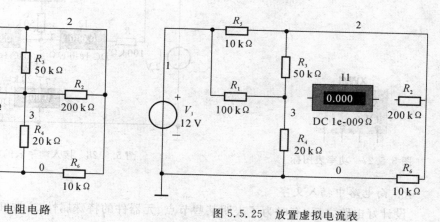

图 5.5.25　放置虚拟电流表

向需要测量电流的支路放置电流表，然后利用导线将电流表接入电路即可。接入电流表的电路如图 5.5.26 所示。

（2）向电路中添加仿真仪器。在图 5.5.26 中，已经添加好了电流表，用于测量各个支路的电流。下面向电阻网络中加入功率表（瓦特表），用于测量电阻 R_5 所消耗的功率。

从 Multisim 软件界面右边的仿真仪器工具栏中选择功率表并单击，将光标移向工作区。在工作区单击，就可以将功率表添加到工作区，如图 5.5.27 所示。

可以看到功率表有两对引脚，左边一对为电压测量引脚，右边一对为电流测量引脚。将电压测量引脚并联在待测电阻两边，将电流测量引脚串联在待测电阻所在的支路中，如图5.5.28所示。

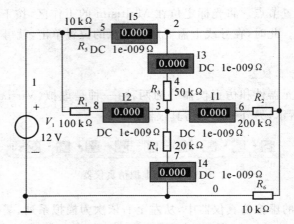

图 5.5.26 接入电流表的电路

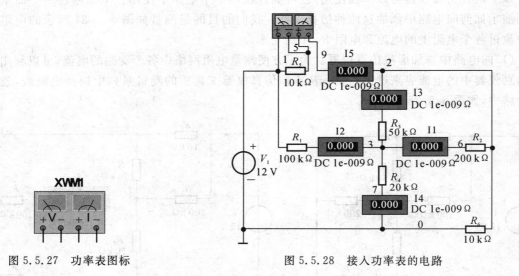

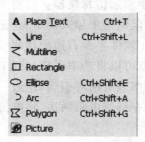

图 5.5.27 功率表图标

图 5.5.28 接入功率表的电路

5. 向电路中插入文字

设计好电路之后,有时为了表明某些节点、元器件的特殊属性,需要在电路中插入文字,下面介绍如何在工作区中插入文字。

(1)通过菜单插入文字。在【Place】菜单下选择"Text"选项,光标就变成如图 5.5.29 所示的形状,在工作区单击,就可以在单击处插入文字。

A Place **T**ext	Ctrl+T
**** Line	Ctrl+Shift+L
乙 Multiline	
□ Rectangle	
○ Ellipse	Ctrl+Shift+E
⊃ Arc	Ctrl+Shift+A
⊠ Polygon	Ctrl+Shift+G
🖾 Picture	

图 5.5.29 插入文字时的鼠标光标　　　　图 5.5.30 Place Graphic 下的列表

（2）通过右键进行选择。在工作区单击鼠标右键，在弹出的列表中选择"Place Graphic"选项，然后弹出如图 5.5.30 所示的列表，选择"Text"项，就可以在工作区中插入文字。

6. 在工作区插入图形

插入图形的方式和插入文字的方式一样，这里就不作介绍了。

7. 向设计文件插入 Title Block

Multisim 中的 Title Block 是标明该设计相关信息的一个表格，如图 5.5.31 所示。可以看到 Title Block 中有一些信息，分别是设计者的姓名、设计者、设计文件编号、校对者、验收者、设计时间、版本信息、文件尺寸和文档的页数等。完成设计时，向设计文件插入 Title Block，并填写相关信息，有助于对设计文件进行管理。

Electronics Workbench 801-111 Peter Street Toronto, ON M5V 2H1 (416) 977-5550		**NATIONAL INSTRUMENTS**™ ELECTRONICS WORKBENCH GROUP	
Title:　Circuit1	Desc.: Circuit1		
Designed by:	Document No:　0001	Revision:　1.0	
Checked by:	Date:　2013-05-16	Size:　　A	
Approved by:	Sheet　1　of　1		

图 5.5.31　Multisim 中的 Title Block

8. 仿真控制

设计好了电路图并检查无误后，就可以启动仿真，以验证设计的正确性。在 Multisim 10 中启动仿真的方式有以下 4 种：

（1）利用仿真控制工具栏控制仿真。仿真控制工具栏如图 5.5.32 所示，单击第一个绿色的三角形图标，启动仿真，后面的两个图标分别表示暂停仿真和停止仿真。

（2）利用仿真控制按钮控制仿真。仿真控制按钮如图 5.5.33 所示，该按钮上有两个图标，左边是一个开关，表示启动仿真和停止仿真，右边的按钮用来暂停仿真。

（3）从菜单启动仿真。在【Simulate】菜单下选择"Run"选项，就可以启动仿真，选择"Pause"选项和"Stop"选项便可以暂停和停止仿真。

（4）利用键盘快捷控制仿真。将光标定位在工作区，按下 F5 键，可以启动仿真；按下 F6 键，便可以暂停仿真。

图 5.5.32　仿真控制工具栏　　　　　　　　　　　　图 5.5.33　仿真控制按钮

5.6　Multisim 10 的基本分析方法

5.6.1　DC Operating Point Analysis（直流工作点分析）

直流工作点分析也称静态工作点分析，电路的直流分析是在电路中电容开路、电感短路时,计算电路的直流工作点,即在恒定激励条件下求电路的稳态值。

在电路工作时,无论是大信号还是小信号,都必须给半导体器件以正确的偏置,以便使其工作在所需的区域,这就是直流分析要解决的问题。了解电路的直流工作点,才能进一步分析电路在交流信号作用下电路能否正常工作。所以,求解电路的直流工作点在电路分析过程中是至关重要的。

1.构造电路

为了分析电路的交流信号是否能正常放大,必须了解电路的直流工作点设置得是否合理,所以首先应对电路的直流工作点进行分析。在 Multisim 10 的实验电路工作区构造一个单管放大电路,电路中电源电压、各电阻和电容取值如图 5.6.1 所示。

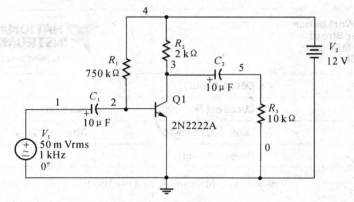

图 5.6.1 单管共射放大电路

图 5.6.1 中的 1,2,3,4,5 等编号可以从 Options-sheet properties-circuit-show all 调试出来。

2.启动直流分析工具

执行菜单命令 Simulate/Analyses,在列出的可操作分析类型中选择 DC Operating Point,如图 5.6.2 所示,则出现直流工作点分析对话框,如图 5.6.3 所示。

(1)Output 选项。Output 用于选定需要分析的节点。

左边 Variables in circuit 栏内列出电路中各节点电压变量和流过节点的电流变量。右边 Selected variables for analysis 栏用于存放需要分析的节点。

具体做法是先在左边 Variables in circuit 栏内选中需要分析的变量(可以通过鼠标拖拉进行多选),再单击 Add 按钮,相应变量则会出现在 Selected variables for analysis 栏中。如果 Selected variables for analysis 栏中的某个变量不需要分析,则先选中它,然后点击"Remove"按钮,该变量将会回到左边 Variables in circuit 栏中。

(2)Analysis Options 选项卡。单击"Analysis Options"按钮进入 Analysis Options 页,其中排列了与该分析有关的其他分析选项设置,通常应该采用默认的。

(3)Summary 选项卡。单击"Summary"按钮进入 Summary 页中排列了该分析所设置的所有参数和选项。用户通过检查可以确认这些参数的设置,一般保持默认即可。

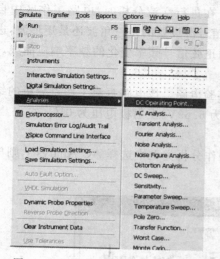

图 5.6.2　执行菜单命令 Simulate→
Analyses→DC Operating Point

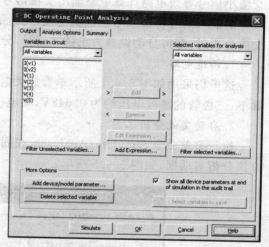

图 5.6.3　直流工作点分析对话框

3. 检查测试结果

点击图 5.6.3 所示下部"Simulate"按钮,测试结果如图 5.6.4 所示。测试结果给出电路各个节点的电压值。根据这些电压的大小,可以确定该电路的静态工作点是否合理。如果不合理,可以改变电路中的某个参数,利用这种方法,可以观察电路中某个元件参数的改变对电路直流工作点的影响。

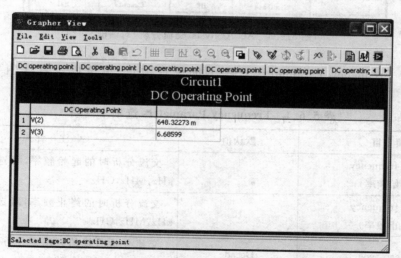

图 5.6.4　DC Operating Point Analysis(直流工作点分析)结果

5.6.2　AC Analysis(交流分析)

交流分析是在正弦小信号工作条件下的一种频域分析。它计算电路的幅频特性和相频特性,是一种线性分析方法。Multisim 10 在进行交流频率分析时,首先分析电路的直流工作点,并在直流工作点处对各个非线性元件作线性化处理,得到线性化的交流小信号等效电路,并用交流小信号等效电路计算电路输出交流信号的变化。在进行交流分析时,电路工作区中自行设置的输入信号将被忽略。也就是说,无论给电路的信号源设置的是三角波还是矩形波,进行交流分析时,都将自动设置为正弦波信号,分析电路随正弦信号频率变化的频率响应曲线。

1. 构造电路

这里仍采用如图 5.6.1 所示单管放大电路作为实验电路。该电路直流工作点分析的结果如下:三极管的基极电压约为 0.648V,集电极电压约为 6.69V,发射极电压为 0V。

2. 启动交流分析工具

执行菜单命令 Simulate/Analyses,在列出的可操作分析类型中选择 AC Analysis,则出现交流分析对话框,如图 5.6.5 所示。

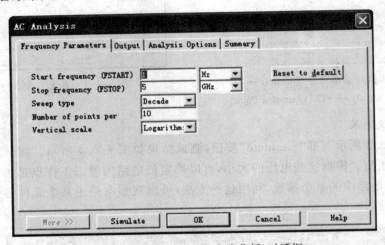

图 5.6.5　AC Analysis(交流分析)对话框

对话框中 Frequency Parameters 选项卡的设置项目、单位以及默认值等内容如表 5.6.1所示。

表 5.6.1　Frequency Parameters 选项卡说明

项　目	默认值	注　释
Start frequency (起始频率)	1	交流分析时的起始频率,可选单位有 Hz, kHz,MHz,GHz
Stop frequency (终止频率)	10	交流分析时的终止频率,可选单位有 Hz, kHz,MHz,GHz
Sweep type (扫描频率)	Decade (10 刻度扫描)	交流分析曲线的频率变化方式,可选项有 Decade,Linear(线性刻度扫描),Octave(8 倍刻度扫描)
Number of points per decade (扫描点数)	10	起点到终点共有多少个频率点,对线性扫描项才有效
Vertical scale (垂直刻度)	Logarithmic (对数)	扫描时的垂直刻度,可选项有 Linear, Logarithmic,decibel,Octave

3. 检查测试结果

电路的交流分析测试曲线如图 5.6.6 所示,测试结果给出电路的幅频特性曲线和相频特性曲线,幅频特性曲线显示了 3 号节点(电路输出端)的电压随频率变化的曲线;相频特性曲线显示了 3 号节点的相位随频率变化的曲线。由交流频率曲线分析可知,该电路大约在 7Hz ～ 24MHz 范围内放大信号,放大倍数基本稳定,且相位基本稳定。超出此范围,输出电压将会衰减,相位会改变。

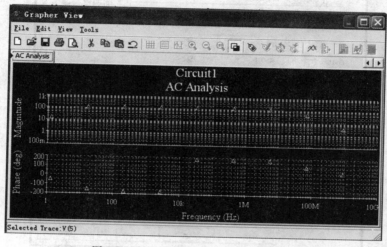

图 5.6.6　AC Analysis(交流分析)结果

5.6.3　Transient Analysis(瞬态分析)

瞬态分析是一种非线性时域分析方法,是在给定输入激励信号时,分析电路输出端的瞬态响应。Multisim 在进行瞬态分析时,首先计算电路的初始状态,然后从初始时刻起,到某个给定的时间范围内,选择合理的时间步长,计算输出端在每个时间点的输出电压,输出电压由一个完整周期中的各个时间点的电压来决定。启动瞬态分析时,只要定义起始时间和终止时间,Multisim 可以自动调节合理的时间步进值,以兼顾分析精度和计算时需要的时间,也可以自行定义时间步长,以满足一些特殊要求。

1. 构造电路

构造一个单管放大电路,电路中电源电压、各电阻和电容取值如图 5.6.7 所示。

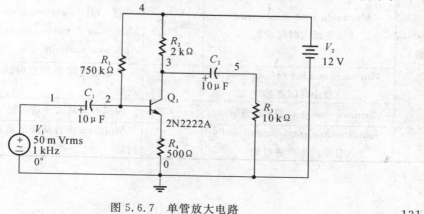

图 5.6.7　单管放大电路

2.启动瞬态分析工具

执行菜单命令 Simulate/Analyses,在列出的可操作分析类型中选择 Transient Analysis,出现瞬态分析对话框,如图5.6.8所示。

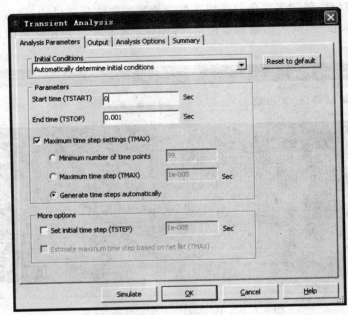

图 5.6.8 Transient Analysis(瞬态分析)对话框

瞬态分析对话框中 Analysis Parameters 选项卡的设置项目、单位以及默认值等内容见表5.6.2。

表 5.6.2 Analysis Parameters 选项卡的内容

选 项		默认值	含义和设置要求
Parameters (参数)	Start time(起始时间)	0s	瞬态分析的起始时间必须大于或等于零,且应小于结束时间
	End time(终止时间)	0.001s	瞬态分析的终止时间必须大于起始时间
	Maximum time step settings (设置最大时间步长)	选 中	如果选中该项,则可以在以下三项中挑选一项:Minimum number of time points,Maximum time step,Generate time steps automatically
	Minimum number of time points (最小时间点数)	100	自起始时间至结束时间之间,模拟输出的点数
	Maximum time step(最大步进时间)	1e−005s	模拟时的最大步进时间
	Generate time steps automatically (自动产生步进时间)	选 中	Multisim 将自动决定最为合理的最大步进时间

3.检查分析结果

放大电路的瞬态分析曲线如图 5.6.9 所示。分析曲线给出输入节点 2 和输出节点 5 的电压随时间变化的波形,纵轴坐标是电压,横轴是时间轴。从图中可以看出输出波形和输入波形的幅值相差不太大,这主要是因为该放大电路晶体管发射极接有反馈电阻,从而影响了电路的放大倍数。

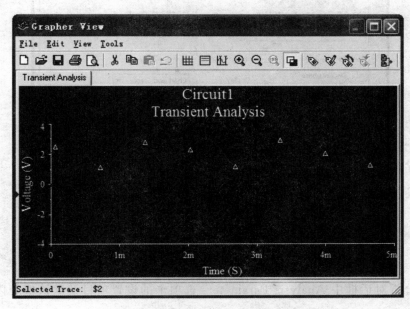

图 5.6.9　放大电路的瞬态分析曲线

5.6.4　Fourier Analysis(傅里叶分析)

傅里叶分析是一种分析复杂周期性信号的方法,它将非正弦周期信号分解为一系列正弦波、余弦波和直流分量之和。根据傅里叶级数的数学原理,周期函数 $f(t)$ 可以写为

$$f(t) = A_0 + A_1\cos\omega t + A_2\cos2\omega t + \cdots + B_1\sin\omega t + B_2\sin2\omega t + \cdots$$

傅里叶分析以图表或图形方式给出信号电压分量的幅值频谱和相位频谱。傅里叶分析同时也计算了信号的总谐波失真(THD),THD 定义为信号的各次谐波幅度二次方和的二次方根再除以信号的基波幅度,并以百分数表示:

$$\mathrm{THD} = \left[\left\{ \sum_{i=2} U_i^2 \right\}^{\frac{1}{2}} / U_1 \right] \times 100\%$$

1.构造电路

构造一个单管放大电路,电路中电源电压、各电阻和电容取值如图 5.6.1 所示。该放大电路在输入信号源电压幅值达到 50mV 时,输出端电压信号已出现较严重的非线性失真,这也就意味着在输出信号中出现了输入信号中未有的谐波分量。

2.启动交流分析工具

执行菜单命令 Simulate/Analyses,在列出的可操作分析类型中选择 Fourier Analysis,则出现傅里叶分析对话框,如图 5.6.10 所示。

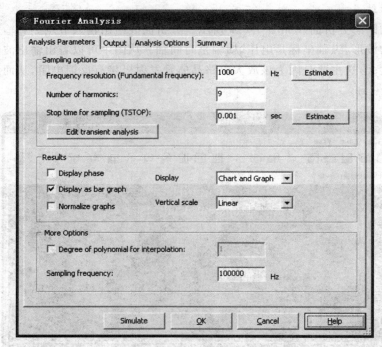

图 5.6.10　Fourier Analysis(傅里叶分析)对话框

傅里叶分析对话框中 Analysis Parameters 选项卡的设置项目及默认值等内容见表 5.6.3。

表 5.6.3　傅里叶分析参数选项卡的内容

选项区	选　项	含义和设置要求
Sampling options（采样选项）	Frequency resolution（基频）	取交流信号源频率。如果电路中有多个交流信号源,则取各信号源频率的最小公因数。单击"Estimate"按钮,系统将自动设置
	Number of harmonics（谐波数）	设置需要计算的谐波个数
	Stop time for sampling（停止采样时间）	设置停止采样时间。如单击"Estimate"按钮,系统将自动设置
Results（结果）	Display phase(相位显示)	如果选中,分析结果则会同时显示相频特性
	Display as bar graph（线条图形方式显示）	如果选中,以线条图形方式显示分析的结果
	Normalize graphs(归一化图形)	如果选中,分析结果则绘出归一化图形
	Displays(显示)	显示形式选择:Chart(图表),Graph(图形)或 Chart and Graph(图表或图形)
	Vertical scal(纵轴刻度)	纵轴刻度选择:Linear(线性),Logrithmic(对数),Decibel(分贝)或 Octave(8 倍)

3. 检查分析结果

傅里叶分析结果如图 5.6.11 所示。如果放大电路输出信号没有失真,在理想情况下,信号的直流分量应该为零,各次谐波分量幅值也应该为零,总谐波失真也应该为零。

从图 5.6.11 可以看出,输出信号直流分量幅值约为 1.15V,基波分量幅值约为 4.36 V,2 次谐波分量幅值约为 1.58 V,从图表中还可以查出 3 次、4 次及 5 次谐波幅值。同时可以看到总谐波失真(THD)约为 35.96%,这表明输出信号非线性失真相当严重。线条图形方式给出的信号幅频图谱直观地显示了各次谐波分量的幅值。

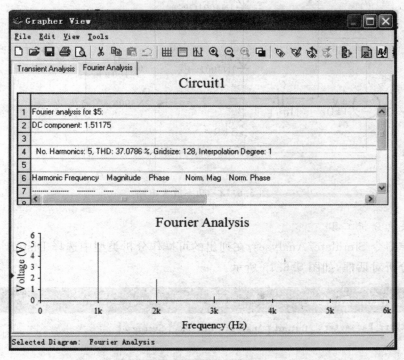

图 5.6.11　傅里叶分析结果

5.6.5　Distortion Analysis(失真分析)

放大电路输出信号的失真通常是由电路增益的非线性与相位不一致造成的。增益的非线性将会产生谐波失真,相位的不一致将产生互调失真。Multisim 失真分析通常用于分析那些采用瞬态分析不易察觉的微小失真。如果电路有一个交流信号,Multisim 的失真分析将计算每点的二次和三次谐波的复变值;如果电路有两个交流信号,则分析三个特定频率的复变值,这三个频率分别是 $f_1 + f_2, f_1 - f_2, 2f_1 - f_2$。

1. 构造电路

设计一个功率放大电路,电路参数及电路结构如图 5.6.12 所示。对该电路进行直流工作点分析后,表明该电路直流工作点设计合理。在电路的输入端加入一个交流电压源作为输入信号,其幅度为 4V,频率为 1kHz。

注意:双击信号电压源符号,在属性对话框中 Distortion Frequency 1 Magnitude:项目下设置为 4V。Distortion Frequency 2 Magnitude:项目下设置为 4V。然后继续分析该放大电路。

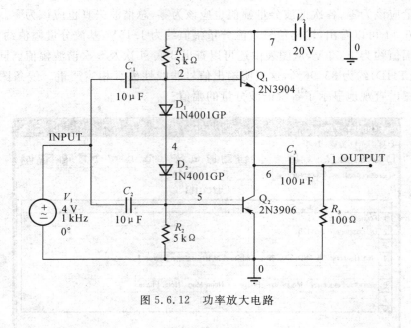

图 5.6.12　功率放大电路

2.启动失真分析工具

执行菜单命令 Simulate/Analyses,在列出的可操作分析类型中选择 Distortion Analysis,则出现失真分析对话框,如图 5.6.13 所示。

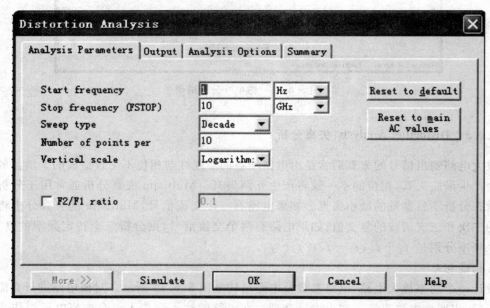

图 5.6.13　失真分析对话框

失真分析对话框中 Analysis Parameters 选项卡的设置项目、单位以及默认值等内容见表5.6.4。

表 5.6.4 Analysis Parameters 选项卡的内容

选 项	默认值	含义和设置要求
Start frequency(起始频率)	1Hz	设置起始频率
Stop frequency(终止频率)	10GHz	设置终止频率
Sweep type(扫描类型)	Decade	扫描类型可选 Decade(10 倍刻度扫描),Linear(线性刻度扫描)或 Octave(8 倍刻度扫描)
Number of points per decade(10 倍频点数)	10	设置每 10 倍频的采样点数
Vertical scale(垂直刻度)	Logarithm	垂直刻度可以选 Linear(线性),Logarithm(对数),Decibel(分贝)或 Octave(8 倍)
F2/F1 ratio	0.1(不选)	选中时,在 F1 扫描期间,F2 设定为该比率乘以起始频率,应大于 0,小于 1
Reset to main AC values		按钮将所有设置恢复为与交流分析相同的设置值
Reset to default		按钮将所有设置恢复为默认值

3.检查分析结果

电路的失真分析结果如图 5.6.14 所示。由于该电路只有一个输入信号,因此,失真分析结果给出的是谐波失真幅频特性和相频特性图。

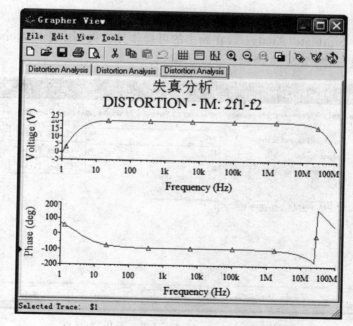

图 5.6.14 失真分析结果

5.6.6　Noise Analysis(噪声分析)

电路中的电阻和半导体器件在工作时都会产生噪声,噪声分析就是定量分析电路中噪声的大小。Multisim 提供了热噪声、散弹噪声和闪烁噪声等 3 种不同的噪声模型。噪声分析利用交流小信号等效电路,计算由电阻和半导体器件所产生的噪声总和。假设噪声源互不相关,而且这些噪声值都独立计算,总噪声等于各个噪声源对于特定输出节点的噪声均方根之和。

1. 构造电路

构造如图 5.6.15 所示的单管放大电路,双击信号电压源符号,在属性对话框中 Distortion Frequency 1 Magnitude:项目下设置为 2mV。然后继续分析该单管放大电路。

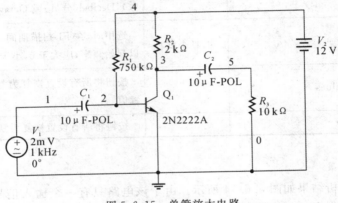

图 5.6.15　单管放大电路

2. 启动噪声分析工具

执行菜单命令 Simulate/Analyses,在列出的可操作分析类型中选择 Noise Analysis,则出现噪声分析对话框,如图 5.6.16 所示。

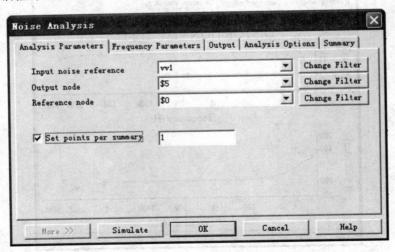

图 5.6.16　Noise Analysis(噪声分析)对话框

噪声分析对话框中 Analysis Parameters 选项卡的设置项目及其注释等内容见表 5.6.5。

表 5.6.5　Analysis Parameters 选项卡的内容

选　项	默认值	含义和设置要求
Input noise reference source（输入噪声参考源）	电路的输入源	选择交流信号源输入
Output node（输出节点）	电路中的节点	选择输出噪声的节点位置，在该节点计算电路所有元器件产生的噪声电压均方根之和
Reference node（参考节点）	0	默认值为接地点
Set points per summary（设置每汇总时计算的点数）	1	选中时，噪声分析将产生所选元件的噪声轨迹，在右边填入频率步进数

噪声分析对话框中 Frequency Parameters 选项卡如图 5.6.17 所示。

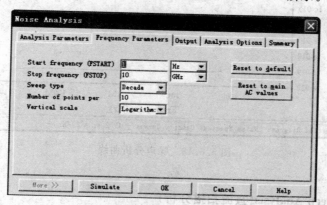

图 5.6.17　噪声分析对话框中 Frequency Parameters 选项卡

其中设置项目及其注释等内容见表 5.6.6。

表 5.6.6　噪声分析对话框中 Frequency Parameters 页内容

选　项	默认值	含义和设置要求
Start frequency（起始频率）	1Hz	设置起始频率
Stop frequency（终止频率）	10GHz	设置终止频率
Sweep type（扫描类型）	Decade	扫描类型可选 Decade（10 刻度扫描），Linear（线性刻度扫描）或 Octave（8 倍刻度扫描）
Number of points per decade（10 倍频点数）	10	设置 10 倍频的采样点数
Vertical scale（垂直刻度）	Logarithm	垂直刻度可以选 Linear（线性），Logarithm（对数），Decibel（分贝）或 Octave（8 倍）
F2/F1 ratio	0.1（不选）	选中时，在 F1 扫描期间，F2 设定为该比率乘以起始频率，应大于 0，小于 1
Reset to main AC values		按钮将所有设置恢复为与交流分析相同的设置值
Reset to default		按钮将所有设置恢复为默认值

3.检查分析结果

噪声分析曲线如图 5.6.18 所示。其中上面一条曲线是总的输出噪声电压随频率变化曲线,下面一条曲线是等效的输入噪声电压随频率变化曲线。

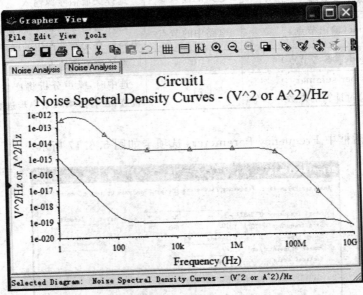

图 5.6.18　噪声分析曲线

5.6.7　DC Sweep Analysis(直流扫描分析)

直流扫描分析是根据电路直流电源数值的变化,计算电路相应的直流工作点。在分析前可以选择直流电源的变化范围和增量。在进行直流扫描分析时,电路中的所有电容视为开路,所有电感视为短路。

在分析前,需要确定扫描的电源是一个还是两个,并确定分析的节点。如果只扫描一个电源,得到的是输出节点值与电源值的关系曲线。如果扫描两个电源,则输出曲线的数目等于第二个电源被扫描的点数。第二个电源的每一个扫描值,都对应一条输出节点值与第一个电源值的关系曲线。

1.构造电路

构造如图 5.6.19 所示的电路,MOS 管型号为 2N7000,属于 N 沟道增强型 MOS 管。现在要利用直流扫描来测绘 MOS 管的输出特性曲线。

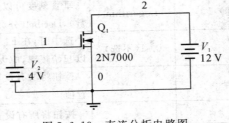

图 5.6.19　直流分析电路图

2.启动直流扫描分析工具

执行菜单命令 Simulate/Analyses,在列出的可操作分析类型中选择 DC Sweep,则出现直流扫描分析对话框,如图 5.6.20 所示。直流扫描分析对话框的"Output"选项卡如图 5.6.21 所示。

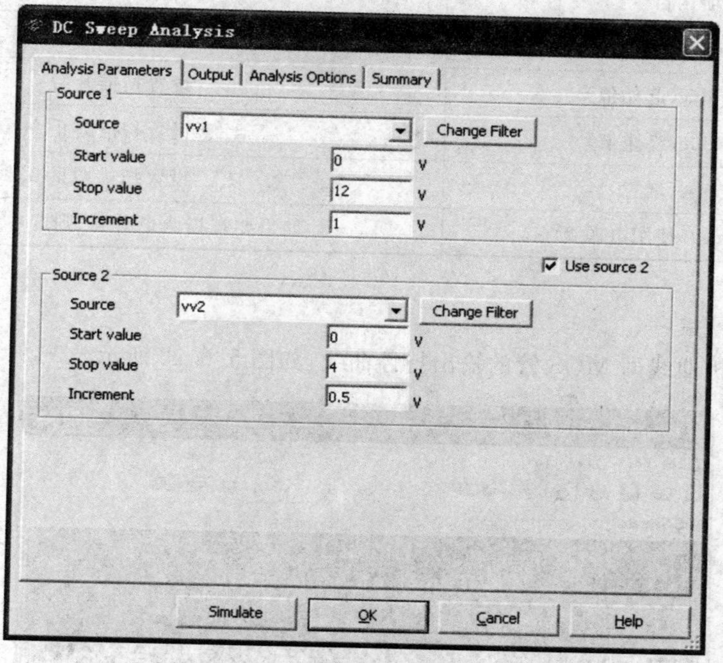

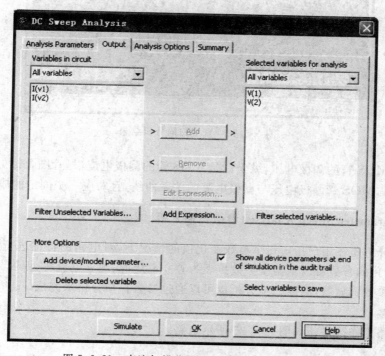

图 5.6.20 直流扫描分析对话框

图 5.6.21 直流扫描分析对话框"Output"选项卡

直流扫描分析对话框中 Analysis Parameters 选项卡中包含 Source1 和 Source2 两个区，区中设置项目及其注释等内容如表 5.6.7 所示。

表 5.6.7　直流扫描分析 Analysis Parameters 选项卡内容

项　目	含义和设置要求
Source(电源)	选择要扫描的直流电源
Start value(起始值)	设置扫描开始
Stop value(终止值)	设置扫描终止
Increase(增量)	设置扫描增量
Use source2(使用电源2)	如果要扫描两个电源,则选中该选项

3.检查分析结果

直流扫描分析曲线即 MOS 管的输出特性曲线,如图 5.6.22 所示。

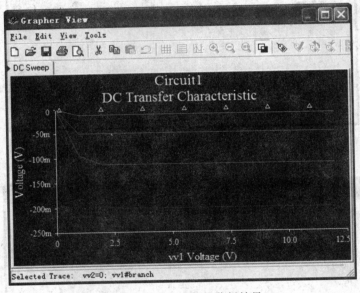

图 5.6.22　直流扫描分析结果

横坐标为 MOS 管的漏极电压,纵坐标是 MOS 管的漏极电流(尽管图上标的是 Voltage)。每一条曲线都是 MOS 管漏极电压与漏极电流的关系曲线,且对应一个固定的栅极电压。

5.6.8　Parameter Sweep Analysis(参数扫描分析)

参数扫描分析是在用户指定每个参数变化值的情况下,对电路的特性进行分析。在参数扫描分析中,变化的参数可以从温度参数扩展为独立电压源、独立电流源、温度、模型参数和全局参数等多种参数。显然,温度扫描分析也可以通过参数扫描分析来完成。

1.构造电路

在实验电路工作区搭建如图 5.6.23 所示电路。

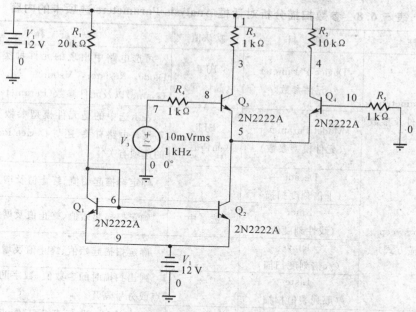

图 5.6.23　仿真电路图

2.启动参数扫描分析工具

选择 Simulate ／ Analysis ／ Parameter Sweep,得到如图 5.6.24 所示的参数扫描对话框。

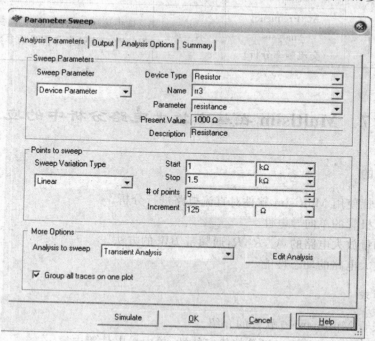

图 5.6.24　参数扫描对话框

参数扫描对话框 Analysis 选项卡的设置项目及其注释等内容见表 5.6.8。

表 5.6.8　参数扫描分析对话框 Analysis Parameters 选项卡的内容

选项框	项　目	默认值	注　释
Sweep Parameters （选择扫描元件及参数）	Device Parameter （元件参数）	BJT （晶体管）	可选电路中出现的元件种类（Device），如 Diode，Resistor，Vsource 等，元件序号（Name）以及元件参数（Parameter）
	Model Parameter （元件模型参数）	BJT （晶体管）	表示选中的是元件模型参数类型，各参数不仅与电路有关，还与 Device Parameter 对应的选项有关
Points to sweep （选择扫描方式）	Decade （十倍刻度扫描）		确定扫描起始值、终止值及增量步长
	Liner （线性刻度值）	选　中	确定扫描起始值、终止值及增量步长
	Octave （八倍刻度扫描）		确定扫描起始值、终止值及增量步长
	Liste （取列表值扫描）		列出扫描时的参数值，数字间可用空格、逗点或分号隔开
More Option （选择分析类型）	DC Operating Point （直流工作点）	未　选	选中该项，进行直流工作点的参数扫描分析
	Transient Analysis （瞬态分析）	选　中	选中该项，进行瞬态参数扫描分析，可以修改瞬态分析时的参数设置
	AC Frequency Analysis （交流频率分析）	未　选	选中该项，进行交流频率参数扫描分析，可以修改交流频率分析时的参数设置

5.7　Multisim 在基本放大电路分析中的应用

一、实验目的

（1）初步掌握使用 Multisim 软件对直流电路进行分析。

（2）验证二极管的单向导电性。

（3）学会测量放大电路的 A_u，R_i，R，通频带 BW 的方法。

（4）观测放大电路的动态性能。

二、预习要求

（1）阅读关于 Multisim 10 软件的介绍。

（2）阅读相关教材中关于二极管的伏安特性、单向导电性等内容。

（3）阅读相关教材中关于静态工作点 Q，电压增益 A_u，输入电阻 R_i，输出电阻 R。和通频带 BW 等内容。

三、实验线路及实验内容

(一)二极管参数测试仿真实验

(1)在实验电路工作区搭建测量二极管正向伏安特性的实验电路,如图 5.7.1 所示。依次设置滑动电阻器 R_w 触点至下端间的电阻值(拨动鼠标箭头显示的电位器拨动游标),调整二极管两端的电压。启动仿真开关,将测得的 v_D,i_D 及计算得到的 r_D 数据填入表 5.7.1 中。

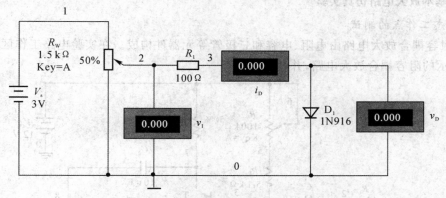

图 5.7.1　测试二极管正向伏安特性实验电路

(2)在实验电路工作区搭建测量二极管反向伏安特性的实验电路,如图 5.7.2 所示。依次设置滑动电阻器 R_w 触点至下端间的电阻值,调整二极管两端的电压。进行仿真实验,将测得的 v_D,i_D 及计算得到的 r_D 数据填入表 5.7.2 中。

表 5.7.1　二极管正向伏安特性测量数据记录表

R_w	10%	20%	30%	50%	70%	90%
v_D/mV						
i_D/mA						
$r_D = \dfrac{v_D}{i_D}$/Ω						

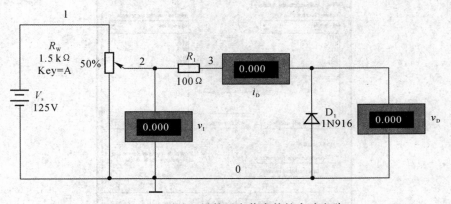

图 5.7.2　测试二极管反向伏安特性实验电路

表 5.7.2 二极管反向伏安特性测量数据记录表

R_{w}	10%	50%	80%	85%	90%	100%
$v_{\mathrm{D}}/\mathrm{mV}$						
$i_{\mathrm{D}}/\mathrm{mA}$						
$r_{\mathrm{D}}=\dfrac{v_{\mathrm{D}}}{i_{\mathrm{D}}}/\Omega$						

(二)基本放大电路仿真实验

1.静态工作点的测试

(1)阻容耦合放大电路由电阻、电容和三极管等元器件构成。在实验电路工作区搭建如图5.7.3所示的阻容耦合放大电路,并存盘。

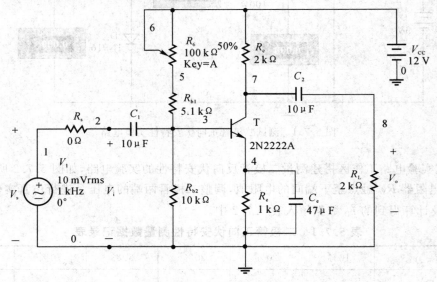

图 5.7.3 阻容耦合放大电路

(2)启动 Multisim 10 界面菜单【Simulate】菜单中 Analyses 下的 DC operating Point 命令,在弹出的对话框中的 Output 选项卡中将节点 3,4,5,6,7 作为仿真分析节点,如图 5.7.4 所示。

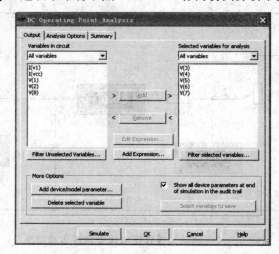

图 5.7.4 Output 选项卡

（3）单击直流分析选项对话框中的"Simulate"（仿真）按钮进行直流工作点仿真分析，即有分析结果（待分析电路节点的点位）显示在"Analysis Graph"（分析结果图）中，如图 5.7.5所示。

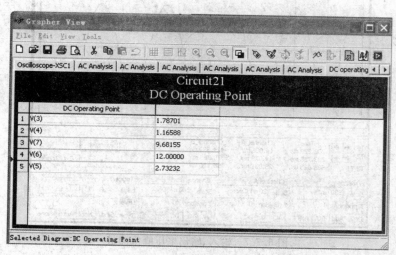

图 5.7.5　直流工作点分析结果

2. 电压放大倍数测试

在工程上，电路中的电压放大倍数 A_u 如果是大致估算，设置合适的静态工作点，使输出电压 v_o 在不失真的情况下可用示波器（或交流毫伏级电压表）进行测量。如果用示波器测量，电压放大倍数的测量可以转换为输入波形幅度和输出波形幅度的测量，所以只需要用示波器测量输入波形幅度值和输出波幅度值，就可以确定放大器的电压放大倍数。在实验电路工作区中搭建如图 5.7.6 所示电路。

对于图 5.7.6 所示电路的双踪示波器双击，得到双踪示波器的面板如图 5.7.7 所示。对面板进行设置，然后启动仿真，观测输出波形，取出输出电压峰值较小的一组仿真测量数据，计算 $A_u = \dfrac{V_{op}}{V_{ip}} = $ _____。

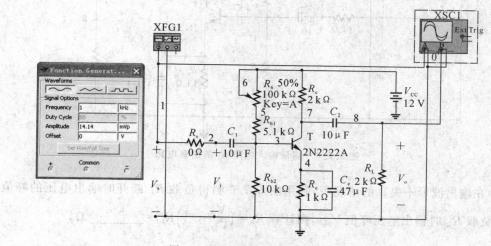

图 5.7.6　电压放大倍数测量电路

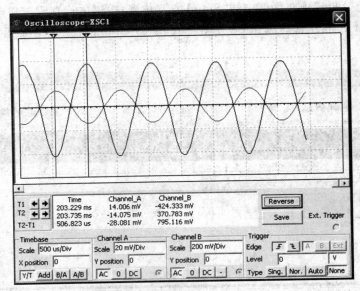

图 5.7.7　输入、输出电压峰值测量

3. 输入、输出电阻的测量

（1）在实验电路工作区中搭建如图 5.7.8 所示电路。启动仿真开关，用示波器分别测得 V_{sp} 和 V_{ip} 的数值，则计算 $R_i = \dfrac{V_{ip}}{V_{sp} - V_{ip}} R_s = \underline{\qquad\qquad} \Omega$。

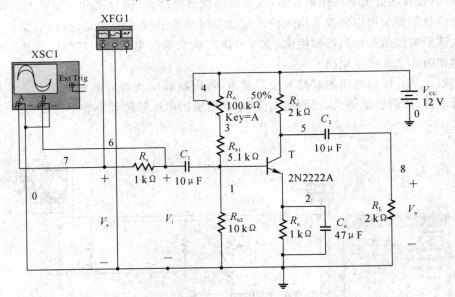

图 5.7.8　测量输入电阻 R_i 的仿真电路

（2）在输出波形不失真的情况下，利用图 5.7.6 测得负载 R_L 断开时输出电压的峰值 V_{op} 和接入负载 R_L 时输出电压峰值 V_{oLp}，则计算 $R_o = \left(\dfrac{V_{op}}{V_{oLp}} - 1 \right) R_L = \underline{\qquad\qquad} \Omega$。

4. 放大电路的交流仿真分析

在 Multisim 10 中,打开已存盘的图 5.7.3 所示实验电路,单击界面菜单"Simulate/Analyses/AC analysis…"(交流分析)按钮。在弹出的对话框 Output 选项卡中,选择分析的输出电路节点 V[8],如图 5.7.9 所示。在启动的频率特性分析参数设置对话框中设定相关参数,单击"Simulate"仿真按钮,即可得到图 5.7.3 所示放大电路的幅频特性曲线和相频特性曲线,如图 5.7.10 所示。

移动幅频特性曲线上的游标,可得中频段的电压增益约为＿＿＿＿＿＿ dB。移动游标,减少 3dB,如图 5.7.10 所示,可分别得到下限截止频率 $f_L = $ ＿＿＿＿＿＿ Hz,上限截止频率 $f_H = $ ＿＿＿＿＿＿ MHz。由此,可得图 5.7.3 所示电路的通频带 $BW = f_H - f_L = $ ＿＿＿＿＿＿ MHz。

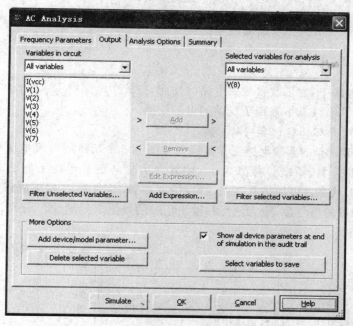

图 5.7.9　交流(AC)分析选项设置

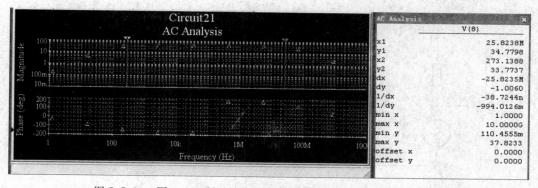

图 5.7.10　图 5.7.3 所示放大电路的幅频特性曲线和相频特性曲线

5.8 Multisim 在负反馈放大电路分析中的应用

一、实验目的

(1)研究负反馈对放大电路性能的影响。

(2)掌握使用 Multisim 软件对负反馈电路性能的测试方法。

二、预习要求

(1)阅读关于 Multisim 10 软件的介绍。

(2)阅读相关教材有关负反馈的内容。

三、实验线路及实验内容

在实验放大电路中,为了改善放大电路的性能,在放大电路中引入负反馈是一种常用的重要手段。可以说,几乎没有不采用负反馈的电子线路。

1. 放大电路的开环性能仿真实验

(1)在 Multisim 10 的实验电路工作区搭建如图 5.8.1 所示的两级电压放大电路并存盘。断开负反馈设置开关 J_1、负载连接开关 J_2,使放大实验电路工作在无负反馈(开环)、无负载(开路)的电压放大状态。启动仿真开关,进行仿真测量,得到输入、输出电压的仿真测量,如图 5.8.2 所示。把测得的信号源、输入信号和输出信号的峰值 V_{sp},V_{ip},V_o 分别填入表 5.8.1 中。

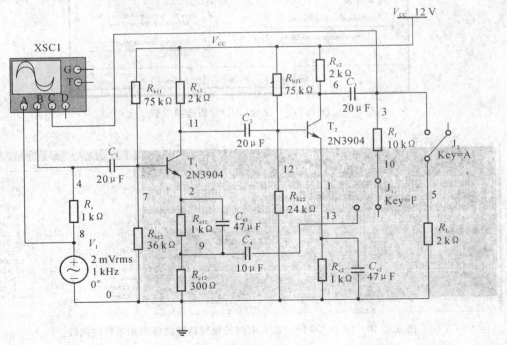

图 5.8.1 电压放大实验电路开环性能的仿真测量(不接负载)

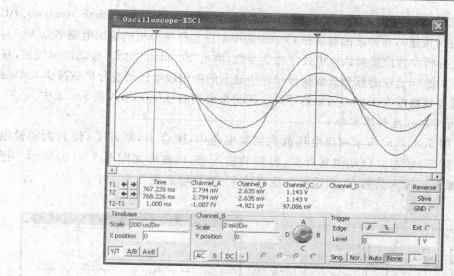

图 5.8.2　信号输入、输出电压的仿真测量

　　(2)单击开关 J_2 边上随鼠标箭头显现的控制按钮"A",闭合负载连接开关,使放大实验电路工作在无反馈(开环)、带负载(闭路)的电压放大状态,如图 5.8.3(a)所示。启动仿真开关,进行仿真测量,得到的输入、输出波形如图 5.8.3(b)所示。把测量的输出电压峰值 V_{oLp} 填入表 5.8.1 中。

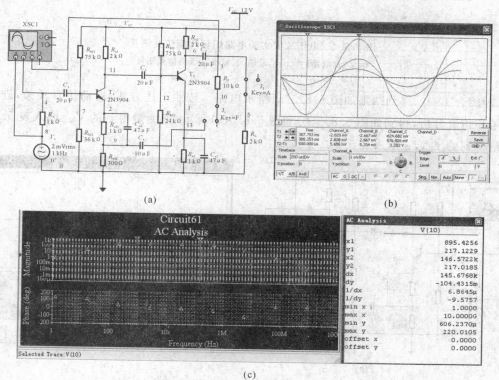

图 5.8.3　电压放大实验电路开环性能的仿真测量(接负载)

(a)仿真电路;　(b)信号输入、输出的仿真测量;　(c)交流分析、幅频特性,通频带的仿真测量

(3)保持图 5.8.3(a)所示电路的连接,单击 Multisim 10 界面"Simulate/Analyses/AC analysis···"(交流分析按钮),在弹出的对话框 Ouput 选项卡中选择待分析的输出电路节点 V[3],在启动的频率特性分析参数设置对话框中设定相关参数,单击"Simulate"仿真/移动游标按钮,移动幅频特性曲线上的游标至在游标测量数据显示栏中显示的中频段电压增益分贝数减少 3dB 后的上、下位置,即可得到如图 5.8.3(c)所示的结果。把测量得到的 f_L, f_H 填入表 5.8.2 中。

2.放大电路的闭环性能仿真实验

(1)在打开的图 5.8.4(a)所示两级电压放大实验电路中,闭合 J_1,断开 J_2,使放大实验电路工作在负反馈(闭环)状态。启动仿真开关,得到的输入、输出波形如图 5.8.4(b)所示。把测量得到的信号源 V_{sp}、输入信号 V_{ip} 和输出电压峰值 V_o 分别填入表 5.8.1 中。

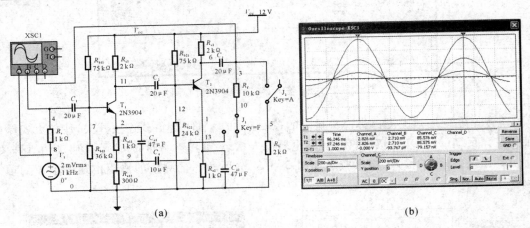

图 5.8.4 电压放大实验电路闭环性能仿真测量
(a)仿真电路; (b)信号输入、输出电压的仿真测量

(2)闭合 J_1, J_2,得到结果如图 5.8.5(a)所示电路。按照上述方法,启动仿真开关,进行仿真测量和仿真分析,得到如图 5.8.5(b)和图 5.8.5(c)所示,把测量得到的 V_{oLp} 填入表 5.8.1,把测量得到的 f_L, f_H 填入表 5.8.2 中。

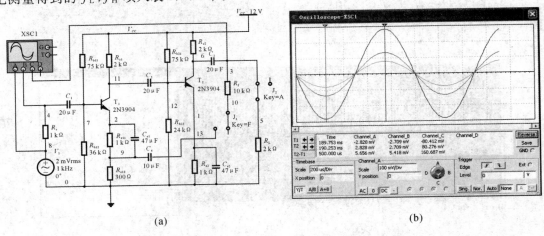

图 5.8.5 电压放大实验电路闭环性能仿真测量
(a)仿真电路; (b)信号输入、输出电压的仿真测量

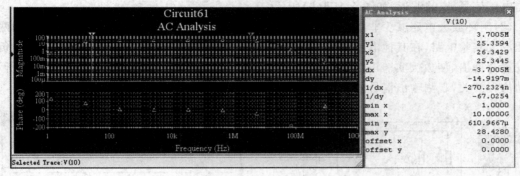

(c)

续图 5.8.5　电压放大实验电路闭环性能仿真测量

(c)交流分析、幅频特性、通频带的仿真测量

(3)计算表 5.8.1 中的数据,并分析引入的负反馈对输入电阻、输出电阻以及电压增益有何影响。

表 5.8.1　负反馈放大电路开环 A_u 与闭环 A_{uf}

C_4, R_{e12} 支路	R_L	测量值				计算值	
		V_{sp}	V_{ip}	$V_o(V_{oLp})$	$A_u(A_{uf})$	$R_i = \dfrac{V_{ip}}{V_{sp}-V_{ip}}R_s$	$R_o = \left(\dfrac{V_{op}}{V_{oLp}}-1\right)R_L$
开环	∞						
	10Ω						
闭环	∞						
	10Ω						

(4)计算表 5.8.2 中的数据,并分析引入负反馈网络后对通频带有何影响。

表 5.8.2　负反馈放大电路的频率特性

频率特性	测量值		计算值
	f_H/ kHz	f_L/Hz	通频带 BW/kHz
开环			
闭环			

3.减小非线性失真的仿真实验

由于组成放大电路的半导体器件的非线性,当输入信号的幅值较大时,放大电路的半导体器件可能工作在其传输特性的非线性部分,因而使输出波形产生非线性失真。引入负反馈后,可使这种由于放大电路内部产生的非线性失真减小。

(1)放大电路的开环非线性失真。打开已存盘的图 5.8.3(a)所示开环(无负反馈)的两级电压放大实验电路。为了便于观测,断开示波器 A 通道的连线,在其他电路参数不变的情况下,增大信号源 v_s 的幅值(15mV),得到如图 5.8.6(a)所示电路,启动仿真开关,观测输入 v_i、

输出电压信号 v_o 的波形,如图 5.8.6(b)所示。

(2)闭环放大电路减少非线性失真。打开已存盘的图 5.8.6 所示开环(无负反馈)的两级电压放大实验电路,在其他电路参数不变的情况下(信号源 v_s 的幅值仍为 15mV),单击负反馈设置开关 J_1,使放大实验电路工作在电压串联负反馈(闭环)的放大状态,如图 5.8.7 所示,启动仿真开关,观测输出信号的失真情况是否得到改善。

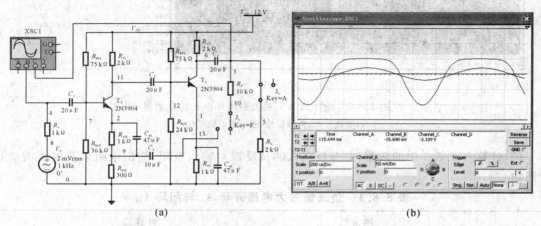

(a)   (b)

图 5.8.6　电压放大实验电路开环非线性失真的仿真测量

(a)仿真电路;　(b)信号输入、输出电压波形

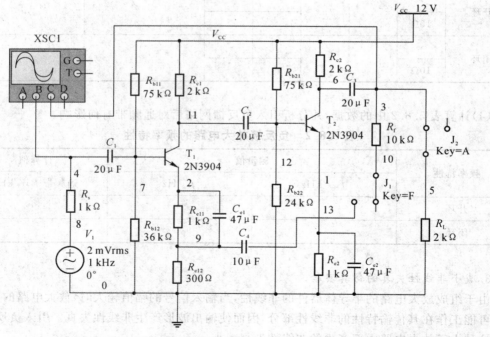

图 5.8.7　闭环电压放大实验电路减少非线性失真的仿真实验

5.9 Multisim 在触发器、计数器电路分析中的应用

一、D 触发器构成的八分频电路

74LS74 是单项输入端的双 D 触发器,一个芯片里面封装了两个相同的 D 触发器,每个触发器只有一个 D 端口,每个芯片都带有直接置 0 端 CLR 和直接置 1 端 PR,低电平有效,CLK 上升沿触发,其功能表见表 5.9.1。

表 5.9.1 74LS74 的功能表

输　入				输　出	
CLR	PR	CLK	D	Q	$\overline{Q}$
0	1	×	×	0	1
1	0	×	×	1	0
1	1	↑	0	0	1
1	1	↑	1	1	0

利用 D 触发器构成 8 分频器,用于将输入信号 8 分频之后输出,如图 5.9.1 所示。

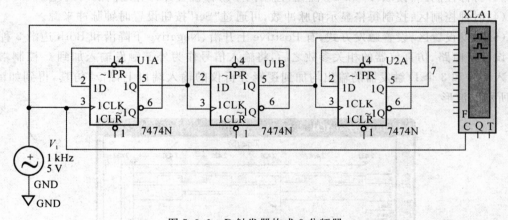

图 5.9.1 D 触发器构成 8 分频器

要实现该电路的仿真分析,必须用到另外一种仪器——逻辑分析仪。逻辑分析仪的面板如图 5.9.2 所示。

从图 5.9.2 可以看到,逻辑分析仪面板的左侧有 16 个信号输入端,底部 C 为外部时钟输入端,Q 为时钟控制输入端,T 为触发控制输入端。该界面共分为 5 个区域,其含义分别如下。

(1)波形显示区:显示 16 路输入波形和时钟信号。

(2)显示控制区:控制波形显示和清除,3 个按键功能如下:

Stop:若没有被触发,则表示放弃已存储的数据;若被触发,则表示停止波形显示。

Reset:清除已经显示的波形,并为满足触发条件后数据显示做准备。

Reverse：设置波形显示区背景色。

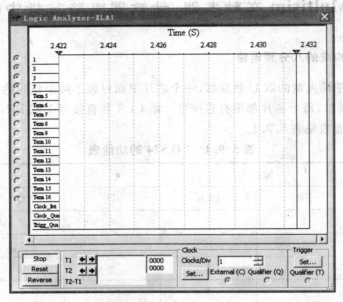

图 5.9.2　逻辑分析仪操作面板

（3）游标控制区：读取 T_1 和 T_2 位置，控制两个游标位置并计算之间的时间差。

（4）时钟控制区：控制每格显示的脉冲数，可通过"Set"按钮设置时钟脉冲来源。

（5）触发设置区：设置触发方式，有 Positive 上升沿、Negative 下降沿和 Both 边沿 3 种。

设计好电路、仿真仪器的相关参数之后，将输入信号作为外部触发输入加到 C 控制端上，将输入信号和 3 个 D 触发器的输出均加到逻辑分析仪的输入端口上，启动仿真，得到如图 5. 9.3 所示的波形。

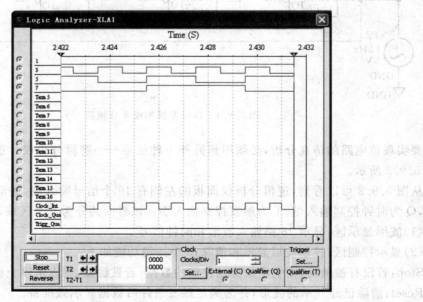

图 5.9.3　逻辑分析仪输出波形

从图 5.9.3 中逻辑分析仪输出的波形可以看出,输入信号被 8 分频,也就是该电路实现了 8 输入信号的分频。

二、任意进制计数器的构成

已有的是 N 进制计数器,而需要得到的是 M 进制计数器。这时有 $M<N$ 和 $M>N$ 两种可能的情况。

1. $M<N$ 的情况

在 N 进制计数器的顺序计数过程中,若设法使之跳跃 $N-M$ 个状态,就可以得到 M 进制计数器了。实现跳跃的方法有置零法(或称复位法)和置数法(或称置位法)两种。

(1)置零法的应用。74LS160D 采用置零法构成的六进制计数器,按图 5.9.4 所示创建电路。

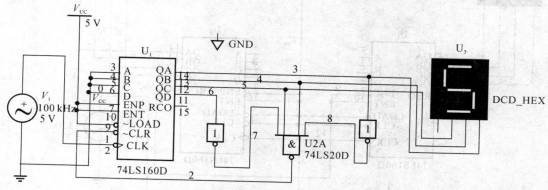

图 5.9.4　置零法构成的六进制计数器

(2)置数法的应用。74LS160D 采用置数法构成的六进制计数器。

置数法既可以置入 0000,也可以置入 1001。如图 5.9.5 所示的电路置入的是 0000。

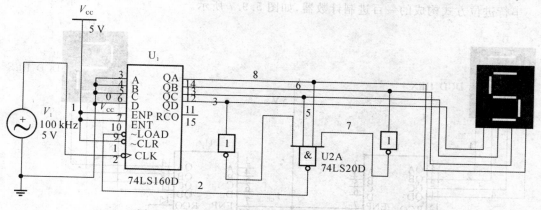

图 5.9.5　置数法构成的六进制计数器(置入 0000)

2. $M>N$ 的情况

用多片 N 进制计数组合起来,才能构成 M 进制计数器。各片之间(或称为各级之间)的连接方式可分为串行进位方法、并行进位方式、整体置零方式和整体置数方式。

若 M 可以分解为两个小于 N 的因素相乘,即 $M=N_1 N_2$,则可采用串行进位方式或并行

进位方式将一个 N_1 进制计数器和一个 N_2 进制计数器连接起来,构成 M 进制计数器。在 N_1,N_2 不等于 N 时,可以先将两个 N 进制计数器分别接成 N_1 进制计数器和 N_2 进制计数器,然后再以并行进位方式或串行进位方式将它们连接起来。

(1)并行进位方式。在并行进位方式中,以低位片的进位输出信号作为高位片的工作状态控制信号(计数的使能信号),两片的 CLK 输入端同时接计数输入信号。

并行进位方式构成的一百进制计数器,如图 5.9.6 所示。

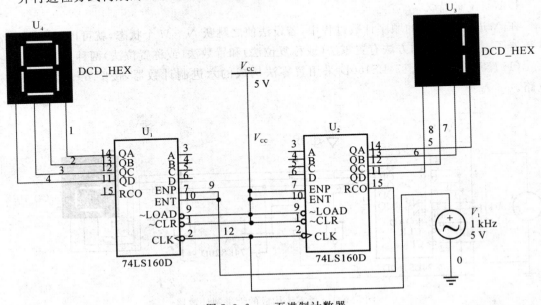

图 5.9.6 一百进制计数器

(2)串行进位方式。在串行进位方式中,以低位片的进位输出信号作为高位片的时钟输入信号。

串行进位方式构成的一百进制计数器,如图 5.9.7 所示。

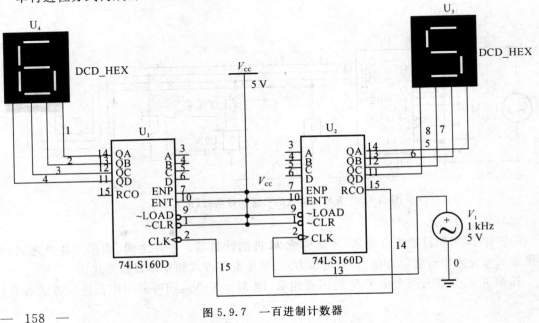

图 5.9.7 一百进制计数器

5.10　Multisim 在 555 定时器电路分析中的应用

555 定时器是一种集模拟、数字于一体的中规模集成电路,其应用极为广泛。它不仅用于信号的产生和变换,还常用于控制与检测电路中。

一、用 555 定时器组成的施密特触发器

电路如图 5.10.1 所示,LM555CN 组成施密特触发器,利用函数信号发生器分别产生频率为 1kHz,占空比 50%,幅度为 $5V_{PP}$ 的正弦波、三角波和方波,作为输入信号。用示波器观测不同波形输入的情况下,输出的波形如图 5.10.2 至图 5.10.4 所示。上面波形为输入波形,下面波形为输出波形。

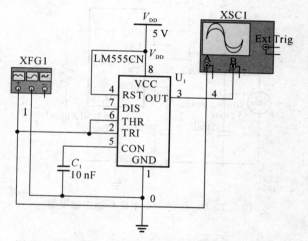

图 5.10.1　用 555 定时器组成的施密特触发器电路

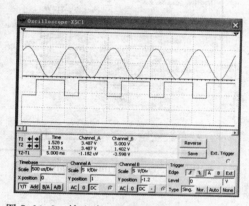

图 5.10.2　输入为正弦波时的输入和输出波形

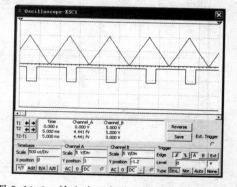

图 5.10.3　输入为三角波时的输入和输出波形

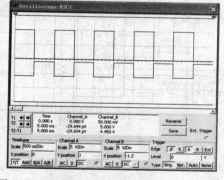

图 5.10.4　输入为方波时的输入和输出波形

二、用 555 定时器组成的单稳态触发器

用 555 Timer Wizard 生成单稳态触发器。

单击菜单 Tools→Circuit Wizards→555 Wizard,出现 555 Timer Wizard 对话框如图

5.10.5所示。其中各参数说明如下。

Type(类型)：Monostable Operation 单稳态触发器的向导；Astable Operation 多振荡器的向导。V_s：输入电源电压；V_{in}：输入信号源的幅度；V_{pulse}：输入信号源的输出下限值；Frequency：输入信号源的频率；Input Pulse Width：输入信号脉冲的宽度；Output Pulse With：输出信号脉冲的宽度；C：电容 C 的值；R：电阻的值；C_f：电容 C_f 的值；R_1：负载电阻的值。

单击"Build Circuit"按钮，即可生成所需的电路，如图 5.10.6 所示，在该图上添加示波器，可得到如图 5.10.7 所示的电路图，能够观测到 555 Timer Wizard 生成单稳态触发器的工作波形，如图 5.10.8 所示。

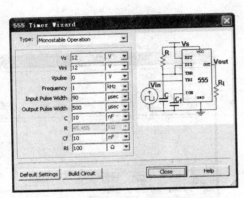

图 5.10.5　555 Timer Wizard 对话框

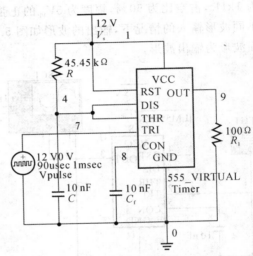

图 5.10.6　利用 555 生成单稳态触发器

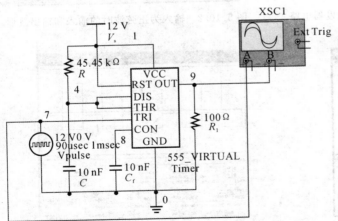

图 5.10.7　对生成的单稳态触发器添加示波器

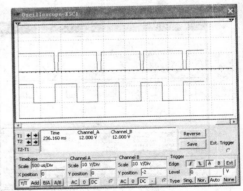

图 5.10.8　输入和输出波形

三、用 555 定时器组成的多谐振荡器

1. 用 555 定时器组成的多谐振荡器，测试多谐振荡器的功能

用 LM555CN 组成多谐振荡器，各元件参数如图 5.10.9 所示。用示波器观察输出波形和

电容 C_1 的充放电波形,如图 5.10.10 所示,上面的波形为输出波形,下面的波形为电容的充放电波形。

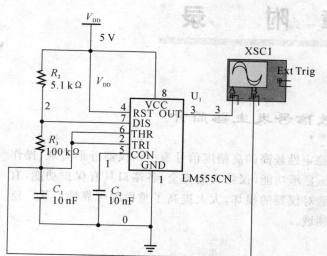

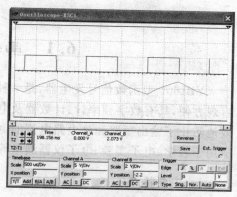

图 5.10.9　用 555 定时器组成的多谐振荡器

图 5.10.10　THR 点和输出波形

2. 用 555 Timer Wizard 生成多谐振荡器

单击菜单 Tools → Circuit Wizards → 555 Wizard,在对话框 Type 栏中选 Astable Operation 选项,输入电路的相关参数即可得到多谐振荡器。默认参数生成的多谐振荡器如图 5.10.11 所示。用示波器观测工作波形如图 5.10.12 所示。

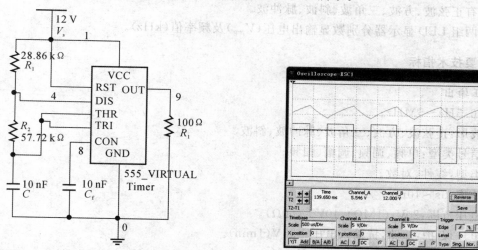

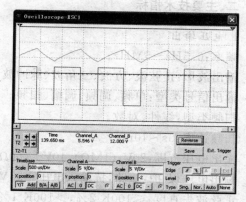

图 5.10.11　利用 555 生成多谐振荡器

图 5.10.12　生成多谐振荡器的工作波形

第6章 附 录

6.1 函数信号发生器简介

    YB1605 型函数信号发生器,是一种稳定性较高的高精度信号源。该仪器外形美观、操作直观方便,具有数字频率计、计数器及电压显示功能,仪器功能齐全,各端口具有保护功能,有效地防止了输出短路和外电路电流的倒灌对仪器的损坏,大大提高了整机的可靠性。其广泛适用于教学、电子实验、电子仪器测量等领域。

一、主要特点

(1)具有数字频率计和计数功能。

(2)内置线性和对数扫频功能。

(3)外接调频功能和 VCF 压控输入。

(4)具有 50Hz 正弦波输出。

(5)TTL/CMOS 输出。

(6)具有正弦波、方波、三角波、斜波、脉冲波。

(7)用两组 LED 显示器分别数显输出电压(V_{p-p})及频率值(kHz)。

二、主要技术指标

1. 电压输出

频率:0.5Hz～5MHz。

输出波形:正弦波、方波、三角波、脉冲波、斜波。

输出信号类型:单频、调频、调幅、扫频。

扫频类型:线性、对数。

扫频速率:5s～10ms。

输出电压范围:$20V_p$(1MΩ),$10V_{p-p}$(50Ω)。

输出电压保护:短路,抗输入电压±35V(1min)。

正弦波失真度:≤100K 2%,>100K 1%。

频率响应:±0.5dB。

三角波线性:≤100kHz:98%,>100kHz:95%。

占空比调节:20%～80%。

直流偏置:±10V(1MΩ),±5V(50Ω)。

方波上升时间:50ns,$5V_{p-p}$,1MHz。

衰减精度:≤±3%。

占空比对频率：±10%。

50Hz 正弦波输出：约 $2V_{p-p}$。

2. TTL/CMOS 输出

输出幅度："0"：≤0.6V，"1"：≥2.8V。

输出阻抗：600Ω。

输出短路保护：短路，抗输入电压±35V(1min)。

3. 频率计数

测量精度：5 位，±1%，±1 个字。

分辨率：0.1Hz。

闸门时间：10s,1s,0.1s。

外测频范围：1Hz～10MHz。

外测频灵敏度：100mV。

计数范围：5 位。

三、面板及各功能开关和旋钮

YB1605 型函数信号发生器面板及各功能开关和旋钮如图 6.1.1 所示，其功能如下：

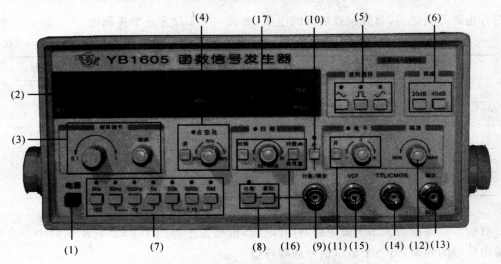

图 6.1.1　函数信号发生器

(1)电源开关(POWER)：按键按下为"开"，弹出为"关"。

(2)LED 显示窗口：显示输出信号的频率(kHz)。

(3)频率调节旋钮(FREQUENCY)：调节此旋钮改变输出信号的频率，顺时针转，频率增高，逆时针转，频率降低，微调旋钮可调整频率精度。

(4)占空比(DUTY)：将占空比开关按入，占空比指示灯亮，调节占空比旋钮，可改变波形的占空比。

(5)波形选择开关(WAVE FORM)：按对应的方波、正弦波、锯齿波的按键，可选择对应的输出波形。

(6)衰减开关(ATTE)：对输出的电压进行衰减，两挡开关组合为 20dB,40dB,60dB。

(7)频率范围选择开关：根据所需要输出的频率，选择对应的按键。

(8)计数、复位开关。

(9)计数/频率端口。

(10)外测频开关。

(11)电平调节：按下电平调节开关，电平指示灯亮，此时调节电平旋钮，可改变直流偏置电平。

(12)幅度调节旋钮（AMPLITUDE）：顺时针转动此旋钮，输出电压幅度增大，逆时针转动输出电压幅度减小。

(13)电压输出端口（VOLTAGE OUT）：输出电压由此端口输出。

(14)TTL/CMOS 输出端口。

(15)VCF。

(16)扫频：按下扫频按钮，电压输出端口输出信号为扫频信号，调节速率旋钮，可改变扫频速率，改变线性/对数开关可产生线性扫频和对数扫频。

(17)电压输出指示：3 位 LED 显示输出电压值，输出接 50Ω 负载时应将读数除 2。

四、基本操作方法

打开电源开关之前，首先检查输入的电压，如表 6.1.1 设定各个控制键。

表 6.1.1　函数信号发生器各个控制键

电　源	电源开关键弹出
衰减开关	衰减开关弹出
外测频	外测频开关弹出
电　平	电平开关弹出
扫　频	扫频开关弹出
占空比	占空比开关弹出

所有的控制键如表 6.1.1 设定后，打开电源，信号发生器两个 LED 显示窗口中一个显示本机输出信号的频率，另一个显示信号的峰峰值。

(1)电压输出信号由输出（VOLTAGE OUT）端口通过连接线送出。

(2)三角波、方波、正弦波的产生：

1)将波形选择开关（WAVE FORM）分别按正弦波、方波、三角波，则信号发生器输出分别为对应的波形。

2)改变频率范围选择开关和频率调节旋钮改变输出频率，频率 LED 显示窗口所显示数字即为对应输出信号的频率(kHz)。

3)调节幅度旋钮改变输出电压的幅度，需要小信号时，可按下衰减开关，输出波形将被衰减。

(3)斜波产生：将波形开关置于"三角波"，按下占空比选择开关，调节占空比旋钮，三角波将变为斜波。

6.2　示波器原理及应用

示波器是一种用途十分广泛的电子测量仪器,它能把肉眼看不见的电信号变换成看得见的图像,便于人们研究各种电现象的变化过程。示波器利用狭窄的、由高速电子组成的电子束,打在涂有荧光物质的屏面上,就可产生细小的光点。在被测信号的作用下,电子束就好像一支笔的笔尖,可以在屏面上描绘出被测信号的瞬时值的变化曲线。利用示波器能观察电信号的波形、幅度和频率等电参数。用双踪示波器还可以测量两个信号之间的时间差,一些性能较好的示波器甚至可以将输入的电信号存储起来以备分析和比较。在实际应用中凡是能转化为电压信号的电学量和非电学量都可以用示波器来观测。

一、YB43020B 双踪示波器面板分布图及功能

YB43020B 双踪示波器面板如图 6.2.1 所示,其各按钮的功能简述如下:

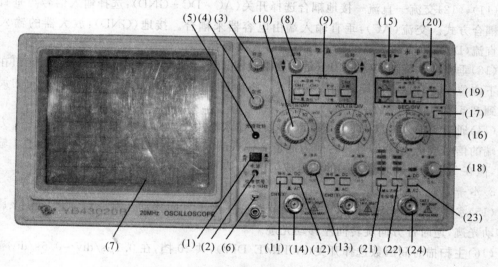

图 6.2.1　YB43020B 双踪示波器面板分布图

1.示波管电路部分

(1)电源开关(POWER):将电源开关按键弹出即为"关"位置,将电源接入,按下电源开关,以接通电源。

(2)电源指示灯:电源接通时指示灯亮。

(3)辉度旋钮(INTENSITY):顺时针方向旋转旋钮,亮度增强。接通电源之前将该旋钮逆时针方向旋转到底。

(4)聚焦旋钮(FOCUS):用亮度控制钮将亮度调节至合适的标准,然后调节聚焦控制钮直至轨迹达到最清晰的程度,虽然调节亮度时聚焦可自动调节,但聚焦有时也会轻微变化。如果出现这种情况,需重新调节聚焦。

(5)光迹旋转旋钮(TRACE ROTATION):由于磁场的作用,当光迹在水平方向轻微倾斜时,该旋钮用于调节光迹与水平刻度线平行。

(6)校准信号输出端子(CAL):提供 1kHz±2%,0.5 V_{p-p}±2%方波作本机 Y 轴、X 轴校准用。

(7)显示屏:仪器的测量显示终端,用于显示所测电压信号波形。

2. 垂直方向部分

(8)垂直移位(POSITION):调节 CH1 通道光迹在屏幕中的垂直位置。它的水平右侧是形状相同的 CH2 通道垂直移位旋钮,作用是调节 CH2 通道光迹在屏幕中的垂直位置。

(9)垂直方式工作开关:选择垂直方向的工作方式,按下通道 1 选择(CH1)按钮,屏幕上仅显示 CH1 的信号。按下通道 2 选择(CH2)按钮,屏幕上仅显示 CH2 的信号。同时按下 CH1 和 CH2 按钮,屏幕上显示 CH1 和 CH2 上的信号。CH1 和 CH2 按钮同时弹出为叠加(ADD):显示 CH1 和 CH2 输入电压的代数和。断续或交替:自动以断续或交替方式显示信号。CH2 极性开关(INVERT):按此开关时 CH2 显示反相电压值。

(10)垂直偏转灵敏度选择旋钮(VOLTS/DIV):用于选择垂直偏转灵敏度的调节。其含义是:垂直方向上一大格对应的电压值为所指向的示数值。

(11),(12)交流—直流—接地耦合选择开关(AC-DC-GND):选择输入信号与垂直放大器的耦合方式。交流(AC):垂直输入端由电容器来耦合。接地(GND):放大器的输入端接地。直流(DC):垂直放大器的输入端与信号直接耦合。

(13)垂直微调旋钮(VARIBLE):垂直微调用于连续改变电压偏转灵敏度,此旋钮在正常情况下应位于逆时针方向旋转到底的位置。将旋钮顺时针方向旋转到底,垂直方向的灵敏度下降到 2.5 倍以下。

(14)通道 1 输入端[CH1 INPUT(X)]:该输入端用于垂直方向的输入。在 X-Y 方式时输入端的信号成为 X 轴信号。右侧为通道 2 输入端[CH2 INPUT(Y)]:形状和通道 1 输入端相同,但在 X-Y 方式时输入端的信号成为 Y 轴信号。

3. 水平方向部分

(15)水平位移(POSITION):用于调节轨迹在水平方向移动。顺时针方向旋转该旋钮向右移动光迹,逆时针方向旋转向左移动光迹。

(16)主扫描时间因数选择开关(A TIME/DIV):共 20 挡,在 $0.1\mu s/div \sim 0.5s/div$ 范围选择扫描速率。

(17)扩展控制键(MAG×5):按下去时,扫描因数×5 扩展,扫描时间是 Time/Div 开关指示数值的 1/5。

(18)扫描微调控制键(VARIBLE):此旋钮以逆时针方向旋转到底时处于校准位置,扫描由 Time/Div 开关指示。该旋钮顺时针方向旋转到底,扫描减慢 2.5 倍以上。

(19)触发方式选择(TRIG MODE):

触发极性按钮(SLOPE):触发极性选择,用于选择信号的上升沿和下降沿触发。

自动(AUTO):在自动扫描方式时扫描电路自动进行扫描。在没有信号输入或输入信号没有被触发时,屏幕上仍然可以显示扫描基线。

常态(NORM):有触发信号才能扫描,否则屏幕上无扫描显示。当输入信号的频率低于 50Hz 时,请用常态触发方式。

复位键(RESET):当"自动"与"常态"同时弹出时为单次触发工作状态,当触发信号来到时,准备(READY)指示灯亮,单次扫描结束后熄灭,按复位键(RESET)后,电路又处于待触发状态。

(20)触发电平旋钮(TRIG LEVEL):用于调节被测信号在某选定电平触发同步。

(21)、(22)触发源选择开关(SOURCE):选择触发信号源。

通道 1 触发(CH1,X - Y):CH1 通道信号是触发信号,当工作方式在 X - Y 时,波动开关应设置于此挡。通道 2 触发(CH2):CH2 上的输入信号是触发信号。

交替触发(ALT TRIG:在双踪交替显示时,触发信号交替来自于两个 Y 通道,此方式可用于同时观察两路不相关信号。

外触发(EXT):触发输入上的触发信号是外部信号,用于特殊信号的触发。

电视(TV):TV 触发,以便于观察 TV 视频信号,触发信号经交流耦合通过触发电路,将电视信号送到同步分离电路,拾取同步信号作为触发扫描用,这样视频信号能稳定显示。TV−H 用于观察电视信号中行信号波形,TV−V 用于观察电视信号中场信号波形。注意:仅在触发信号为负同步信号时,TV−V 和 TV−H 同步。

电源触发(LINE):电源频率成为触发信号。

(23)触发信号耦合方式选择开关:

交流(AC):这是交流耦合方式,触发信号通过交流耦合电路,排除了输入信号中的直流成分的影响,可得到稳定的触发。

直流(DC):触发信号被直接耦合到触发电路,当触发需要触发信号的直流部分或需要显示低频信号以及信号空占比很小时,使用此种方式。

(24)外触发输入插座(EXT INPUT):用于外部触发信号的输入。

二、使用步骤

用示波器能观察各种不同电信号幅度随时间变化的波形曲线,在这个基础上示波器可以应用于测量电压、时间、频率、相位差和调幅度等电参数。下面介绍用示波器观察电信号波形的使用步骤。

1.选择 Y 轴耦合方式

根据被测信号频率的高低,将 Y 轴输入耦合方式选择"AC -地- DC"开关置于 AC 或 DC。

2.选择 Y 轴灵敏度

根据被测信号的大约峰-峰值(如果采用衰减探头,应除以衰减倍数;在耦合方式取 DC 挡时,还要考虑叠加的直流电压值),将 Y 轴灵敏度选择 V/div 开关(或 Y 轴衰减开关)置于适当挡级。实际使用中如不需读测电压值,则可适当调节 Y 轴灵敏度微调(或 Y 轴增益)旋钮,使屏幕上显现所需要高度的波形。

3.选择触发(或同步)信号来源与极性

通常将触发(或同步)信号极性开关置于"+"或"−"挡。

4.选择扫描速度

根据被测信号周期(或频率)的大约值,将 X 轴扫描速度 t/div(或扫描范围)开关置于适当挡级。实际使用中如不需读测时间值,则可适当调节扫速 t/div 微调(或扫描微调)旋钮,使屏幕上显示测试所需周期数的波形。如果需要观察的是信号的边沿部分,则扫速 t/div 开关应置于最快扫速挡。

5. 输入被测信号

被测信号由探头衰减后(或由同轴电缆不衰减直接输入,但此时的输入阻抗降低、输入电容增大),通过 Y 轴输入端输入示波器。

6. 触发(或同步)扫描

缓缓调节触发电平(或同步)旋钮,屏幕上显现稳定的波形,根据观察需要,适当调节电平旋钮,以显示相应起始位置的波形。

三、示波器的测试应用

1. 电压的测量

利用示波器所做的任何测量,都是归结为对电压的测量。示波器可以测量各种波形的电压幅度,既可以测量直流电压和正弦电压,又可以测量脉冲或非正弦电压的幅度。更有用的是它可以测量一个脉冲电压波形各部分的电压幅值,如上冲量或顶部下降量等。这是其他任何电压测量仪器都不能比拟的。

(1)直接测量法。所谓直接测量法,就是直接从屏幕上量出被测电压波形的高度,然后换算成电压值。定量测试电压时,一般把 Y 轴灵敏度开关的微调旋钮转至"校准"位置上,这样,就可以从"V/div"的指示值和被测信号占取的纵轴坐标值直接计算被测电压值。所以,直接测量法又称为标尺法。

1)交流电压的测量。将 Y 轴输入耦合开关置于"AC"位置,显示出输入波形的交流成分。如交流信号的频率很低时,则应将 Y 轴输入耦合开关置于"DC"位置。

将被测波形移至示波管屏幕的中心位置,用"V/div"开关将被测波形控制在屏幕有效工作面积的范围内,按坐标刻度片的分度读取整个波形所占 Y 轴方向的度数 H,则被测电压的峰-峰值 V_{p-p} 可等于"V/div"开关指示值与 H 的乘积。如果使用探头测量时,应把探头的衰减量计算在内,即把上述计算数值乘 10。

例如示波器的 Y 轴灵敏度开关"V/div"位于 0.2 挡级,被测波形占 Y 轴的坐标幅度 H 为 5div,则此信号电压的峰-峰值为 1V。如是经探头测量,仍指示上述数值,则被测信号电压的峰-峰值就为 10V。

2)直流电压的测量。将 Y 轴输入耦合开关置于"地"位置,触发方式开关置"自动"位置,使屏幕显示一水平扫描线,此扫描线便为零电平线。

将 Y 轴输入耦合开关置"DC"位置,加入被测电压,此时,扫描线在 Y 轴方向产生跳变位移 H,被测电压即为"V/div"开关指示值与 H 的乘积。

直接测量法简单易行,但误差较大。产生误差的因素有读数误差、视差和示波器的系统误差(衰减器、偏转系统、示波管边缘效应)等。

(2)比较测量法。比较测量法就是用一已知的标准电压波形与被测电压波形进行比较求得被测电压值。

将被测电压 V_x 输入示波器的 Y 轴通道,调节 Y 轴灵敏度选择开关"V/div"及其微调旋钮,使荧光屏显示出便于测量的高度 H_x 并做好记录,且"V/div"开关及微调旋钮位置保持不变。去掉被测电压,把一个已知的可调标准电压 V_s 输入 Y 轴,调节标准电压的输出幅度,使它显示与被测电压相同的幅度。此时,标准电压的输出幅度等于被测电压的幅度。比较法测量电压可避免垂直系统引起误差,因而提高了测量精度。

2. 时间的测量

示波器时基能产生与时间呈线性关系的扫描线,因而可以用荧光屏的水平刻度来测量波形的时间参数,如周期性信号的重复周期、脉冲信号的宽度、时间间隔、上升时间(前沿)和下降时间(后沿)、两个信号的时间差等等。

将示波器的扫速开关"t/div"的"微调"装置转至校准位置时,显示的波形在水平方向刻度所代表的时间可按"t/div"开关的指示值直读计算,从而较准确地求出被测信号的时间参数。

3. 相位的测量

利用示波器测量两个正弦电压之间的相位差具有实用意义,用计数器可以测量频率和时间,但不能直接测量正弦电压之间的相位关系。利用示波器测量相位的方法很多,下面仅介绍一种常用的简单方法——双踪法。

双踪法是用双踪示波器在荧光屏上直接比较两个被测电压的波形来测量其相位关系。测量时,将相位超前的信号接入 YB 通道,另一个信号接入 YA 通道。选用 YB 触发。调节"t/div"开关,使被测波形的一个周期在水平标尺上准确地占满 8div,这样,一个周期的相角360°被 8 等分,每 1div 相当于 45°。读出超前波与滞后波在水平轴的差距 T,按下式计算相位差:

$$\varphi = \frac{45°}{\text{div}} T(\text{div})$$

如 $T = 1.5\text{div}$,则 $\varphi = \frac{45°}{\text{div}} 1.5\text{div} = 67.5°$。

4. 频率的测量

对于任何周期信号,可用前述的时间间隔的测量方法,先测定其每个周期的时间 T,再用下式求出频率:$f = \frac{1}{T}$。

例如示波器上显示的被测波形,一周期为 8div,"t/div"开关置"1μs"位置,其"微调"置"校准"位置,则其周期和频率计算如下:

$$T = \frac{1\mu s}{\text{div}} 8\text{div} = 8\mu s, \qquad f = \frac{1}{8\mu s} = 125\text{kHz}$$

所以,被测波形的频率为 125kHz。

四、使用不当造成的异常现象

示波器在使用过程中,往往由于操作者对于示波原理不甚理解和对示波器面板控制装置的作用不熟悉,会出现由于调节不当而造成异常现象。现把在示波器使用过程中常见的由于使用不当而造成的异常现象及其原因罗列于下,供参考。

现象 1 没有光点或波形。

原因:电源未接通。

　　　　辉度旋钮未调节好。

　　　　水平位移、垂直位移旋钮位置调偏。

　　　　Y 灵敏度开关调整不当,造成直流放大电路严重失衡。

现象 2 水平方向展不开。

原因:触发源选择开关置于外挡,且无外触发信号输入,则无锯齿波产生。

电平旋钮调节不当。

稳定度电位器没有调整在使扫描电路处于待触发的临界状态。

X 轴选择误置于 X 外接位置,且外接插座上又无信号输入。

现象 3　垂直方向无展示。

原因:输入耦合方式 DC－接地－AC 开关误置于接地位置。

输入端的高、低电位端与被测电路的高、低电位端接反。

输入信号较小,而 V/div 误置于低灵敏度挡。

现象 4　波形不稳定。

原因:电平调节电位器顺时针旋转过度,致使扫描电路处于自激扫描状态(未处于待触发的临界状态)。

触发耦合方式 AC,AC(H),DC 选择按键未能按照不同触发信号频率正确选择相应挡级。

部分示波器扫描处于自动挡(连续扫描)时,波形不稳定。

现象 5　垂直线条密集或呈现一矩形。

原因:t/div 开关选择不当,致使 $f_{扫描} \ll f_{信号}$。

现象 6　水平线条密集或呈一条倾斜水平线。

原因:t/div 关选择不当,致使 $f_{扫描} \gg f_{信号}$。

现象 7　垂直方向的电压读数不准。

原因:未进行垂直方向的偏转灵敏度(v/div)校准。

进行 v/div 校准时,v/div 微调旋钮未置于校正位置(即逆时针方向未旋足)。

进行测试时,v/div 微调旋钮调离了校正位置(即调离了逆时针方向旋足的位置)。

使用 10∶1 衰减探头,计算电压时未乘以 10 倍。

被测信号频率超过示波器的最高使用频率,示波器读数比实际值偏小。测得的是峰-峰值,正弦有效值需换算求得。

现象 8　水平方向的读数不准。

原因:未进行水平方向的偏转灵敏度(t/div)校准。

进行 t/div 校准时,t/div 微调旋钮未置于校准位置(即逆时针方向未旋足)。

进行测试时,t/div 微调旋钮调离了校正位置(即调离了逆时针方向旋足的位置)。

扫速扩展按下时,测试未按 t/div 开关指示值提高灵敏度 5 倍计算。

现象 9　交直流叠加信号的直流电压值分辨不清。

原因:Y 轴输入耦合选择 DC－接地－AC 开关误置于 AC 挡(应置于 DC 挡)。

测试前未将 DC－接地－AC 开关置于接地挡进行直流电平参考点校正。

Y 灵敏度开关未调整好。

现象 10　测不出两个信号间的相位差(波形显示法)。

原因:双踪示波器误把内触发开关置于按(常态)位置。

双踪示波器没有正确选择显示方式开关的交替和断续挡。

现象 11　调幅波形失常。

原因:t/div 开关选择不当,扫描频率误按调幅波载波频率选择(应按音频调幅信号频率选择)。

现象 12　波形调不到要求的起始时间和部位。

原因:稳定度电位器未调整在待触发的临界触发点上。

触发极性(＋,－)与触发电平(＋,－)配合不当。

触发方式开关误置于自动挡(应置于常态挡)。

6.3　交流毫伏级电压表简介

TC2172A 是一种普通的交流毫伏级电压表,面板图如图 6.3.1 所示,其能测量频率为 5Hz～2MHz,测量电压范围 $30\mu V～100V$,表头的读数为交流电压的有效值。该表还具有分贝刻度,可用作电平指示;还可作为前置放大器,给后级放大电路提供输入信号。

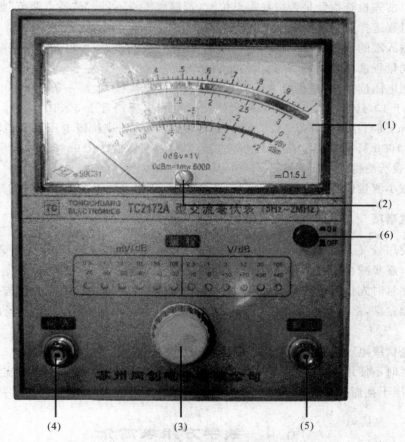

图 6.3.1　交流毫伏级电压表面板图

一、面板及各功能开关和旋钮

(1)表头:用于读取电压的有效值和分贝值。

(2)零点调节:用于调整表头指针的机械零点。

(3)量程选择开关:电压量程共分为 14 挡,每挡标明了在此挡位所能测量的最大电压的有效值。为了便于读数,采用了 10dB 的步进衰减器来选择电压量程。

(4)输入插座:由此输入待测电压信号。

(5)输出插座:当此表用作前置放大器使用时,可提供输出信号。量程开关选在 10mV 挡时,输出电压近似等于输入电压;当量程开关选择更高或更低一挡时,放大倍数也随之增大或减小 10dB。

(6)电源开关。

二、使用方法

交流毫伏级电压表在电子技术实验中主要用来测量正弦信号电压的有效值,这里简单介绍一下典型的测量方法。

(1)开机前先检查指针是否指在零点位置,若偏离零点,可调节"零点调节"螺丝。

(2)将量程选择开关置于 10V 挡,打开电源开关,预热。

(3)将输入端的测量线接于被测电压两端,红色夹接测试点,黑色夹接公共端(地)。

(4)转动量程选择开关,选择适当的量程。

(5)被测电压读数法:毫伏级电压表上有两条电压标尺线,上面一条 0~1.0 标尺线用于量程选择挡置于 1×10^nV 时,0~3.0V 标尺线用于量程选择挡置于 3×10^nV 时。例如,量程开关置于 100mV 时,指针指在 0~1.0 标尺的 0.40 刻度处,即毫伏级电压表测得输入电压有效值为 $0.40 \times 100\,\text{mV} = 40\,\text{mV}$。若量程开关置于 300mV 时,指针在 0~3.0V 标尺线的 2.2 处,毫伏级电压表所测得的电压为 $2.2 \times 300\,\text{mV}/3 = 220\,\text{mV}$。

(6)为减小测量误差,读取数据时应旋转量程开关,使表针停在大于 1/3 满刻度的范围内。

三、注意事项

(1)当使用较高灵敏度(毫伏级电压表小量程)时,应先将量程选择开关至高量程挡,接好被测电路后,逐步减小量程至合适的量程。

(2)在测量时先接上公共地端,然后接入测量端。测量完毕后,先将量程选择开关旋至高量程,断开测量端,然后断开公共接地端。这样可以避免在小量程上,外界电场的干扰将表头指针打坏。

(3)此毫伏级电压表在测量时不能悬空使用(不共地)。

(4)在暂时不使用时,必须将毫伏级电压表的输入短路(即将红色、黑色夹夹在一起),以免外界电场电压干扰而损坏表头。

6.4　数字万用表简介

数字万用表(见图 6.4.1)是把连续的被测模拟电参量自动地变成断续的、用数字编码方式并以十进制数字自动显示测量结果的一种电测量仪表。虽然数字万用表是较复杂的电子测量工具,但正确地按说明书去操作,留意常规的注意事项,保持良好的使用环境,仪表的使用寿命和准确度会大大提高及稳定。

数字万用表主要有直流电压、直流电流、交流电压、交流电流、电阻、电路通断测试、二极管测试等常用测量功能。数字式万用表具有输入阻抗高、误差小、读数直观的优点,但显示较慢也是其不足之处,一般用于测量不变的电流、电压值。

图 6.4.1　万用表外形图

一、使用前的注意事项

（1）首先注意检查电池，将数字万用表的 ON－OFF 钮按下，如果电池不足，则显示屏左上方会出现电池正负极符号，此时需要更换电池。

（2）还要注意测试表插孔之旁符号，这是警告你要留意测试电压和电流不要超出指示数字，否则内部保护电路将受损坏。

（3）插孔和转换开关的使用。首先要根据测试项目选择插孔或转换开关的位置，由于使用时测量电压、电压和电阻等交替地进行，一定不要忘记换挡。切不可用测电阻、电流挡测电压，如果用直流电流或电阻挡去误量交流 220V 电源，则万用表会立刻烧毁。

（4）测试表笔的使用。万用表有红、黑两根表笔，位置不能接反、接错；否则，会带来测试错误或判断失误。一般万用表将黑表笔插入 COM 插孔，红表笔插入 V/Ω 插孔。

二、具体电量的测量

1. 电压测量

将黑表笔插入 COM 插孔，红表笔插入 V/Ω 插孔。测直流电压时，将功能开关置于 DCV 量程范围（测交流电压时则应置于 ACV 量程范围），并将测试表笔连接到被测负载或信号源上，在显示电压读数时，同时会指示出红表笔所接电源的极性。

如果不知被测电压范围，则首先将功能开关置于最大量程后，视情况降至合适量程。如果显示屏上只显示"1"，表示过量程，功能开关应置于更高量程。

2. 电阻的测量

将黑表笔插入 COM 插孔，红表笔插入 V/Ω 插孔（注意红表笔极性为"＋"）。将功能开关置于所需电阻阻值的量程上，将测试笔跨接在被测电阻上。

当输入开路时,会显示过量程状态"1"。如果被测电阻超过所用量程,则会指示出过量程"1"须用高挡量程。当被测电阻在 1MΩ 以上时,该表需数秒后方能稳定读数,对于高电阻测量,这是正常的。

检测在线电阻时,须确认被测电路已关掉电源,同时已放完电,方能进行测量。当用 200MΩ 量程进行测量时须注意,在此量程,两表笔短接时读数为 1.0,这是正常现象,此读数是一个固定的偏移值。如被测电阻是 100MΩ 时,读数为 101.0,正确的阻值是显示减去 1.0,即 101.0−1.0＝100。

3. 电流测量

将黑色表笔插入 COM 插孔,当测量值不大于 200mA 时,红色表笔插入 mA 插孔;当测量值最大为 20A 时,红色表笔插入 20A 插孔。将功能开关置于 DCA 量程(测交流电流时则应置于 ACA 量程范围),并将测试表笔串入到待测回路。

注意量程的选择,最大输入电流为 200mA 或 20A,取决于所使用的插孔,200mA 量程有保险丝保护,20A 量程则无。

4. 电容测试(指对表身带有电容测试座的万用表)

此表本身已对电容挡设置了保护,故在测试电容过程中无须考虑电容极性和电容充放电等情况。当测量电容时,将待测电容插入电容测试座 Cx 中。测量大电容时,稳定读数需要一定的时间。

5. 二极管测量

测量二极管时,把转换开关拨到有二极管图形符号所指示的挡位上。红表笔接正极,黑表笔接负极。对硅二极管来说,应有 500~800mV 的数字显示。若把红表笔接负极,黑表笔接正极,表的读数应为"1"。若正、反测量都不符合要求,则说明二极管已损坏。

6. 短路线的检查

将功能开关拨到短路测量的挡位上,将红黑表笔放在要检查的线路两端。如电阻小于 50Ω,则万用表内置蜂鸣器发出声音。

7. 晶体管 h_{FE} 测试

将万用表功能开关置于 h_{FE} 量程,确定晶体管是 NPN 还是 PNP 型,将基极 b、发射极 e、集电极 c 分别插入相应的孔内,显示屏上将给出 h_{FE} 的近似值。

6.5　TKM—1A 型模拟电路实验箱

一、简介

实验室现有 TKM—1A 型模拟电路实验箱,面板布置如图 6.5.1 所示。该装置配合信号源、示波器、交流毫伏级电压表等仪器可以完成多个模拟电子技术或低频电子电路的实验。实验箱内备三端稳压器、整流桥、电容、交流电压源、直流稳压电源、直流信号源、电位器、钮子开关、电感、按钮开关、双列直插芯片插座、毫安表、继电器、12V 电源指示、喇叭(0.25W/8Ω)、电源短路警报等。在实验电路搭接区,可按实验要求搭接实验电路,或者在面包板上搭接实验电路,利用实验箱上备有的功能,可以完成有关实验所列的全部内容和学生自己设计的模拟电路的实验。

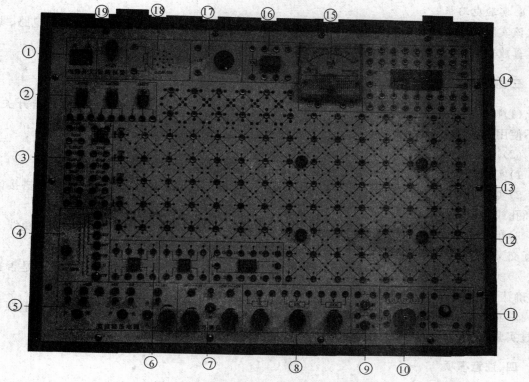

图 6.5.1 TKM—1A 型模拟电路实验箱

二、实验箱面板简介

①总电源(AC)开关。②三端稳压器。③电容及整流桥。④交流电压源。⑤直流稳压电源。⑥⑭双列直插芯片插座(8P×2;14P×1;40P×1)。⑦直流可调信号源(2 输出端)。⑧电位器(1kΩ;10kΩ;100kΩ)。⑨钮子开关。⑩电感线圈。⑪按钮开关。⑫扩展板固定插座。⑬实验线路搭接区。⑮毫安表(≤1mA)。⑯继电器。⑰报警显示(12V)。⑱喇叭(0.25W/8Ω)。⑲+12V 直流电源报警。

三、实验箱配置

1. 电源

(1)输入:AC 220 V±10%。

(2)输出:DC±12 V;DC±5 V。

　　　　 DC+1.3～+18 V 连续可调;

　　　　 AC6V;AC10V;AC14V;AC17V×2。

2. 直流信号源

-5～+5 V,二路连续可调。

3. 电位器组

有 3 只独立的多圈电位器:1 kΩ,10 kΩ,100 kΩ。

4. 实验电路板

该实验箱配有单独的实验电路板,可做单管放大电路、负反馈放大电路、差分放大电路、线性运算放大电路;射极跟随器;集成功率放大电路;RC 振荡电路。

三、使用说明

(1)接通 220 V 交流电源,闭合总电源开关,检查各输出端的控制开关,使用则闭合开关,如不使用则必须关闭控制开关。

(2)连接线。

1)实验箱实验搭接区的插孔使用 $\phi 0.5$ mm 的单芯铜线,也可在面包板搭接电路。

2)实验用器件引脚直径超过 $\phi 0.5$ mm,必须加接 $\phi 0.5$ mm 的引线,以免损坏实验搭接区的插孔或面包板的插孔。

3)布线前应先确定 IC 和分立元器件的位置,合理分布元器件,布线时要尽可能避免线与线互交叉,布线要整齐,连线尽量短。

4)实验箱或面包板、各使用仪器必须共地。在接通电源之前,要仔细检查各连接是否正确,确认无误之后,方可接通电源。

5)实验箱实验搭接区直流电源通过线径为 4 mm 的专用导线连接,面包板的直流电源可通过实验搭接区的插孔过渡连接。

四、注意事项

(1)在搭接线路时,严禁接通电源。

(2)要分清楚各类元器件,以免误用。

(3)在做完实验后,应先关闭电源,再整理好元器件和连接线。

6.6   数字电路实验箱

一、简介

现实验室配备的实验箱能满足数字电子技术课程的全部实验及电子技术课程设计的需要。实验区采用直径为 4 mm 的自锁紧插孔及配套连接导线,使连接接触更加可靠并且易于检查,还配有可拆卸式面包板实验区(扩展板),可以满足更加复杂的实验,例如大规模芯片实验及课程设计等。

二、面板布局

数字实验箱有两种类型,如图 6.6.1 和图 6.6.2 所示。

三、数字实验箱的配置

(1)数字实验箱配有 5 V,±12 V,1.2～24 V 连续可调电源,实现电源的标准配置。5 V 电源:输出 5 V,20 A;保护类型:电子式短路保护。±12 V 电源:输出±12 V,3 A;保护类型:电子式短路保护。1.2～24 V 连续可调电源:输出 1.2～24 V;500 mA;保护类型:电子式过载保护及熔断式短路保护。

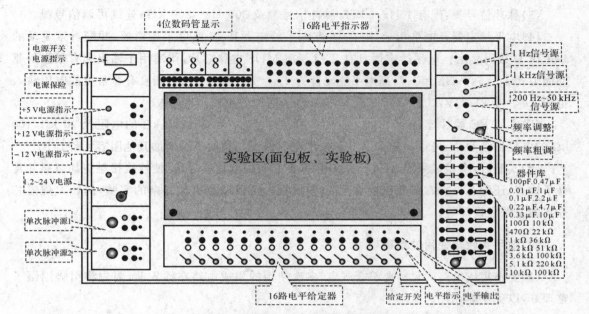

图 6.6.1　XGK—1 型数字电路实验箱

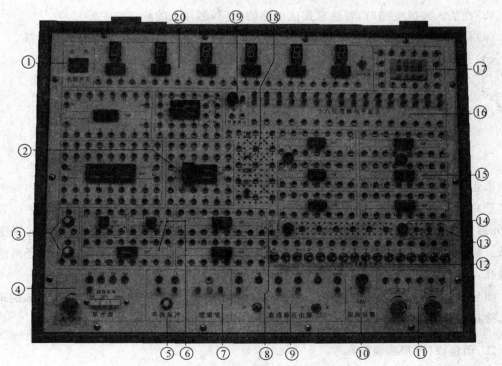

图 6.6.2　TKM—1A 型数字电路实验箱

①一总电源开关；②⑥⑮一实验区；③一按钮开关；④一脉冲信号源；⑤一单次脉冲；⑦一逻辑笔；
⑧一晶振(32768Hz)；⑨一直流稳压电源；⑩一＋5V 短路报警；⑪一电位器(10KΩ×2)；
⑫一16 位电平输出；⑬⑱一元器件扩展区；⑭一扩展板固定插孔；
⑯一16 位电平显示；⑰一编码器；⑲一报警指示；⑳一6 位 7 段数码显示

(2)单次脉冲源:2个按键触发式单次脉冲源。

(3)脉冲信号源:配有 1 Hz,1 kHz 脉冲信号源及 300 Hz～200 kHz 连续可调信号源。

(4)电平给定器及电平指示:配有 16 路电平给定器和 16 路电平指示器,并配有带驱动的 4 位 BCD 数码显示。电平给定器具有 TTL 和 CMOS 电路芯片,均适用于输出和有很强的驱动能力;$U_{oH}=5$ V,$U_{oL}=0$ V,高电平驱动能力 $I_{oH}=1$ A。电平指示器具有非常宽的电压输入范围:$U_{iL}=0\sim1.4$ V,$U_{iH}=1.5\sim24$ V,5 V 输入时吸收电流<10 μA。

(5)常用 RC 器件库:配有 100 pF～10 μF 的电容,100 Ω～220 kΩ 的电阻及 10 kΩ,100 kΩ 的电位器各一个,可以完成数字电子技术全部课程实验而不需增加其他阻容元件。

(6)实验区:实验区采用 φ4 mm 的自锁紧插孔及配套连接导线,使连接接触更加可靠并且易于检查,还配有可拆卸式面包板实验区(扩展板),可以满足更加复杂的实验,例如大规模芯片实验及课程设计等。

四、数字实验箱使用注意事项

(1)要求集成电路的尺寸要符合规定,多次使用的集成电路在插入前,要先将引脚用镊子整理好,以免损坏元件。

(2)取下集成电路时不要用手去拔,要使用起拔器,以免弄弯、弄断引脚。

(3)在插入集成电路时,要注意集成电路的方向(芯片上的缺口向左)。

(4)在线路板上布线时,要注意整齐,尽量不使用过长的导线,以免引起线间干扰。

(5)要认真检查电源接线,确认无误后方可接通电源。

6.7 面包板(万用线路板)

一、简介

面包板(万用线路板)由于板子上有很多小孔,很像面包中的小孔,因此而得名,是电子电路实验中最常用的工具。整板使用热固性树脂制造,板底有金属条,在板上对应的位置有小孔,元器件插入孔中时能够与金属条接触,从而达到导电的目的。一般将 5 个孔用一条金属条连接。板子中央有一凹槽,这是针对集成电路芯片(双列直插)实验而设计的。板子两侧有两排横孔,5 个一组,这两组插孔是用于给板子上的元器件提供电源。

面包板(万用线路板)使用方便,不用焊接,手动接线(连接用导线使用 φ0.5 mm 的单芯铜线),接插电流≤1 A,接触电阻≤200 mΩ,接插次数 10^4 次以上。

二、面包板(万用线路板)

插孔功能如图 6.7.1 所示。

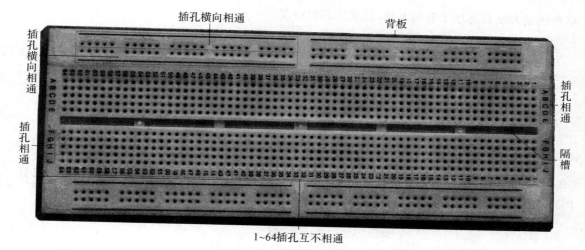

图 6.7.1 面包板(万用线路板)

6.8 常用电路元器件基本参数的测量方法

本节将讨论电子元件(包括 R,L,C),电子器件(包括二极管、双极型三极管、结型场效应管)及放大电路相关参数的测量。电子元件是基础电子产品,是电子整机、设备和系统的基本物质基础,它们的性质、质量和可靠性直接影响电子装备的优劣,甚至起着决定性作用。因此,电子元件测量是一类最基本、应用最广泛的电子测量技术。

一、电子元件参数(包括 R,L,C)测量方法

(一)伏安法

1.伏安法测量元件参数原理

伏安法是用电压表和电流表分别测出被测电子元件两端的电压和通过元件的电流,然后根据测量电路接法算出被测元件参数的数值,属于间接测量方法。

(1)电阻的测量:伏安法测量电阻时,用电压表和电流表分别测出被测电阻两端的电压和通过电阻的电流,然后用公式 $R=U/I$ 算出被测电阻的数值。所测结果的准确度,除了决定于所用电压表和电流表的准确度外,还与测量仪表在电路中的接法有关。

(2)电感的测量:与测量电阻的方法类似,不过在这里使用的是交流电压,同时要用交流电压表和电流表进行测量。测量的线路如图 6.8.1 所示,步骤如下:

给被测电感线圈通以频率为 f 的交流电流,用电流表测其大小,用高内阻电压表测线圈两端电压,那么线圈的阻抗为

$$|Z_\mathrm{x}|=U/I$$

在低频时,线圈的交流电阻与直流电阻基本相同,所以可在直流下测出线圈电阻 R_x。因为测量时所用电源的频率 f 已知,所以线圈的电感可用下式求出,即

$$L_\mathrm{x}=\frac{\sqrt{|Z_\mathrm{x}|^2-R_\mathrm{x}^2}}{2\pi f}$$

这种测量方法只适用于低频电感,且无铁芯的情况。

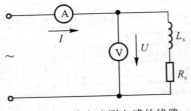

图 6.8.1　伏安法测电感的线路

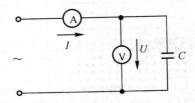

图 6.8.2　用电流表、电压表测电容

（3）电容的测量:测量电容的电路如图 6.8.2 所示,用电流表和电压表测出流过被测电容的电流 I 和电容两端的电压 U,即可计算出电容 C,即

$$C = \frac{I}{2\pi fU}$$

式中　　U——电压表读数;

　　　　I——电流表读数;

　　　　f——所用交流电源的频率。

这种方法适用于被测电容器损耗不大的情况。如果所用电源电压较低,为了使电路中的电流足够大以利于测量,可在图 6.8.2 所示的电路中串入一个电感线圈(通常用自耦变压器),调节电感或电源频率,使电路达到接近谐振状态,再进行测量。

这种方法用的是普通仪表,准确度不高,适用于缺乏专用仪器的场合。若对准确度要求较高,则可采用交流电桥或 Q 表来测量电容。

(二) 电桥法

电桥法以电桥平衡原理为基础,它最适合在音频范围内工作,亦可在高频工作。电桥法的元件参数测量仪器由桥体、信号源和平衡指示器三部分组成,是一种比较测量仪器。测量是利用电桥平衡将被测元件与标准元件进行比较的过程。

1. 交流四臂电桥的基本工作原理

交流四臂电桥的基本电路如图 6.8.3 所示。电桥的四条支路彼此首尾相接,其中的一对结点接交流正弦测试信号,另一对结点接一高灵敏度的平衡指示器。被测阻抗 Z_x 和标准阻抗 Z_s 接在相邻两臂上。当桥路平衡时,平衡指示器 G 中应没有电流流过。

根据指示器中没有电流流过,即其两端为等电位的条件,桥臂阻抗 Z_1 上的电压降与 Z_x 上的电压降应相等;Z_2 上的电压降与 Z_s 上的电压降应相等,由此可得

$$\frac{\dot{U}}{Z_1 + Z_2}Z_1 = \frac{\dot{U}}{Z_x + Z_s}Z_x \quad 或 \quad \frac{\dot{U}}{Z_1 + Z_2}Z_2 = \frac{\dot{U}}{Z_x + Z_s}Z_s$$

整理后,可得

$$Z_1 Z_s = Z_2 Z_x \qquad (6.8.1)$$

式(6.8.1)即为电桥的平衡条件,如用指数形式表示,则有

$$|\boldsymbol{Z}_1||\boldsymbol{Z}_s|e^{j(\varphi_1+\varphi_s)} = |\boldsymbol{Z}_2||\boldsymbol{Z}_x|e^{j(\varphi_2+\varphi_x)} \qquad (6.8.2)$$

即

$$\left.\begin{array}{l} |\boldsymbol{Z}_1||\boldsymbol{Z}_s| = |\boldsymbol{Z}_2||\boldsymbol{Z}_x| \\ \varphi_1 + \varphi_s = \varphi_2 + \varphi_x \end{array}\right\} \qquad (6.8.3)$$

由此可见,这种电桥必须同时满足振幅和相位两个平衡条件,且必须按一定方式配置桥臂阻抗,否则难以实现平衡。在实际电路中,为使电桥结构简单和使用方便,Z_1 和 Z_2 常采用纯电阻,而 Z_X 和 Z_S 必须是同性阻抗。

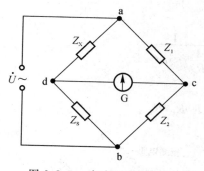

图 6.8.3　交流四臂电桥图

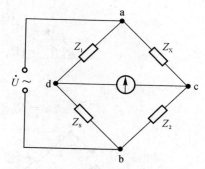

图 6.8.4　交流四臂电桥的另一形式

四臂电桥也可接成如图 6.8.4 所示的形式,即被测阻抗 Z_X 和标准阻抗 Z_S 不是接在相邻两臂上,而是接在相对的两臂上。同理,可以得出这种形式电桥的平衡条件,即

$$\left.\begin{array}{l} |\boldsymbol{Z}_1||\boldsymbol{Z}_2|=|\boldsymbol{Z}_X||\boldsymbol{Z}_S| \\ \varphi_1+\varphi_2=\varphi_X+\varphi_S \end{array}\right\} \tag{6.8.4}$$

同样,为了易于实现平衡,使结构简单,使用方便,Z_1 和 Z_2 常采用纯电阻,而 Z_X 和 Z_S 必须是异性阻抗。

2. 精密万用电桥的基本组成

如图 6.8.5 所示为精密万用电桥的基本组成框图,精密万用电桥由测量信号源、测量桥路、平衡指示电路、平衡调节机构、显示电路和电源组成。

激励桥路的测试信号源有两种,测量电感和电容时,可用 1 kHz 振荡器;测量电阻时,用整流后的直流电压。

平衡指示电路由高输入阻抗的低噪声放大级、选频放大级和输出检波级组成,具有较高的灵敏度和抗干扰能力。

平衡调节机构是电桥结构的最关键、最重要的装置,它是一套经过精心设计的特殊结构装置,因此,在制造工艺上有较高的要求。

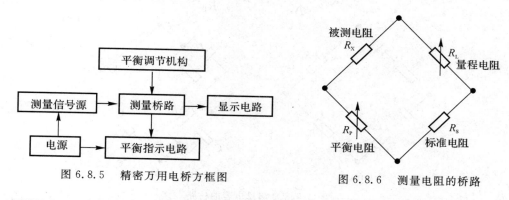

图 6.8.5　精密万用电桥方框图

图 6.8.6　测量电阻的桥路

当测量电阻时,桥路接成惠斯登电桥,如图 6.8.6 所示。当电桥平衡时,则有

$$R_X = R_L R_P / R_S$$

当测量电感时,桥路接成如图 6.8.7(a),(b) 所示的形式。其平衡方程分别为

$$R_L R_P = \frac{1}{\dfrac{1}{R_X} + \dfrac{1}{j\omega L_X}} \left(R_S + \frac{1}{j\omega C_S} \right)$$

或

$$R_L R_P = (R_X + j\omega L_X) \Big/ \left[\frac{1}{\dfrac{1}{R_S} + j\omega C_S} \right]$$

上两式经整理,可得

$$L_X = R_L R_P C_S, \quad R_X = R_L R_P / R_S$$

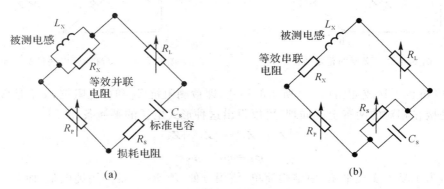

(a)   (b)

图 6.8.7   测量电感的桥路

当测量电容时,桥路接成如图 6.8.8(a),(b) 所示的形式。其平衡方程分别为

$$\left(R_X + \frac{1}{j\omega C_X} \right) R_P = R_L \left(R_S + \frac{1}{j\omega C_S} \right)$$

或

$$\frac{R_P}{\dfrac{1}{R_X} + j\omega C_X} \doteq \frac{R_L}{\dfrac{1}{R_S} + j\omega C_S}$$

上两式经整理,可得

$$C_X = \frac{R_P}{R_L} C_S, \quad R_X = \frac{R_L}{R_P} R_S$$

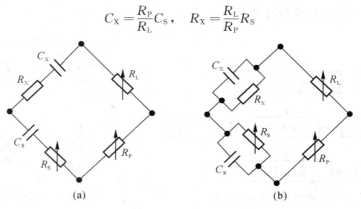

(a)   (b)

图 6.8.8   测量电容的桥路

二、电子器件(包括二极管、双极型三极管、结型场效应管)测量方法

(一)万用表测量二极管、双极型三极管、结型场效应管的方法

1.二极管的测量方法

运用二极管单向导电特性,可以通过测量它的正、反向电阻来判别其极性和好坏,具体方法如下:

(1)用指针式万用表电阻挡测量。其原理是:当用万用表测量电阻时,利用表内的电池作电源,测量流过未知电阻的电流。等效电路为电流表与电池的串联,如图 6.8.9 所示。习惯上,万用表的红色测试笔(表笔)插在电表的"+"端,黑色表笔插在"一"端。当测量直流电压、直流电流时,红表笔接高电位,黑表笔接低电位,电表指针向右偏转,可获得所测数据。由图 6.8.9 可以看出,测电阻时,红表笔接内电池 E 的负极,黑表笔接内电池 E 的正极,所以使用万用表电阻挡测量二极管时,红表笔是负端而黑表笔是正端。当二极管处于正向偏置时,流过的电流大(表现为低电阻),反之,则表现为高电阻。

测量方法:万用表量程开关放在电阻挡($R \times 100\ \Omega$ 或 $R \times 1\ k\Omega$),分别测量二极管正、反向的电阻,如图 6.8.10 所示。两次测量的阻值应有较大差异,差异越大,说明二极管的单向导电性越好。若正反向阻值小于 10 倍,可能二极管的反向漏电流偏大,最好不用;在万用表指示低电阻状态时,黑表笔所接一端为二极管的阳极(PN 结的 P 端),如图 6.8.10(a) 所示。反之,万用表指示高电阻状态时,黑表笔接触的一端是二极管的阴极,如图 6.8.10(b) 所示。

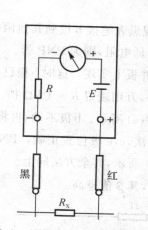
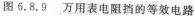

图 6.8.9 万用表电阻挡的等效电路

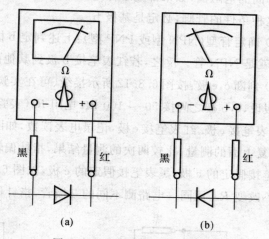

图 6.8.10 万用表测量二极管

(2)用数字万用表测量。数字万用表的电阻挡内有专门测量二极管的挡位。使用时黑表笔总是插在 COM 孔内,红表笔插在 V/Ω 孔内,量程开关置于"─▷├─"处,这时红表笔是高电位,黑表笔是低电位。按上述测量方法,分别测量二极管的正反向电阻值。合格的二极管,正向接法电表应显示 $500 \sim 800\ \Omega$,反向接法电表应在最高位显示"1"。

无论使用何种电表,测量时正、反向电阻差异很小,均呈现高电阻或都呈现低电阻,都说明二极管已损坏。

2. 三极管(BJT)的测量

万用表不仅可以判断三极管的 e,b,c 极,而且可以了解 β 值。判断 e,b,c 极的原理仍是用万用表判断 PN 结的极性。双极型三极管的 PN 结可用图 6.8.11 表示。由示意图看出,无论是 PNP 型还是 NPN 型的两个结,b 极是一种极性,c,e 是另一种极性。利用这个特点,就可以找出 b 极和 c,e 极。具体方法如下:

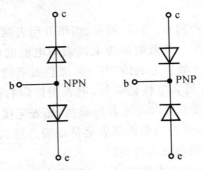

图 6.8.11 三极管 PN 结极性示意图

(1) 用指针式万用表的"Ω"挡测量。

1) 先确定 b 极:将一支表笔接在三极管的任意一只管脚上,用另一支表笔分别测量其余两个管脚间的电阻值,如果都显示低电阻,调换表笔后又都显示高电阻值,那么三个管脚中,凡是满足这种条件的管脚,必定是基极 b。

2) 确定管型(NPN 型或 PNP 型):上述判定 b 极时,出现黑表笔接 b 极到其他两极都是低电阻,就是 NPN 管。反之,若红表笔接 b 极到其他两脚都是低电阻,则为 PNP 管。

3) 判断 c,e 极:按图 6.8.12 所示接线(可在实验箱的插件板上实现),这时 b 极已知,c,e 极可先假设,c,b 极之间接 $50 \sim 100 \text{ k}\Omega$ 电阻 R_b(实验箱上有),万用表置 $R \times 1 \text{ k}\Omega$ 挡。对 NPN 管,黑表笔接 c 极、红表笔接 e 极,记录电表读数,如图 6.8.12(a)所示。b 极不动,再将 c,e 极对调,重复上面的测量,比较两次的测量结果,指针偏转大的一次,c,e 极位置正确。PNP 型应用红表笔接假定的 c 极,黑表笔接假定的 e 极,如图 6.8.12(b)所示,其余方法同上。

不改变 R_b,用同一电路测不同的三极管,指针偏转越大,其 β 值越高。

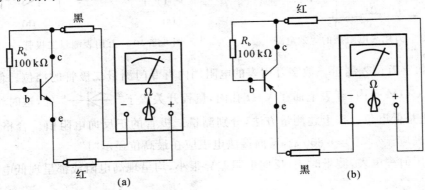

图 6.8.12 万用表测量三极管

（2）用数字万用表测量。

1）判定基极 b：将万用表量程开关置于"⎯▷⏐⎯"挡，运用测量 PN 结的办法，反复测量两电极之间的电阻，找到一个电极对其他两电极均为低电阻（或高电阻），这个电极即为 b 极。

2）确定管型：在上述测量时，若红表笔接 b 极时对其他两电极都是低电阻，即为 NPN 型；反之，黑表笔接 b 极时对其他两极都是低电阻，即为 PNP 型。

3）判断 c，e 极：将万用表量程钮旋调至 h_{FE} 挡，在测试管座上插入三极管，这时 b 极是确定的，c，e 两脚可任意假定，接通万用表电源，读取测得的 h_{FE} 数据，再将 c，e 脚对调测量一次，读数大的这次 c，e 脚对应的插孔，即三极管实际的集电极和发射极。

3. 结型场效应管（JFET）管脚的判别

（1）不论是 N 沟道还是 P 沟道结型场效应管，都只有一个 PN 结，可用图 6.8.13 表示。

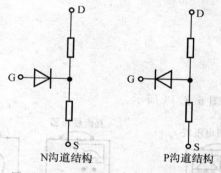

图 6.8.13　结型场效应管导电示意图

（2）用测量二极管的方法，找到某一管脚对其他管脚具有单向导电性，即这一脚对其他两脚的正反向电阻差异很大（其他两脚之间正反向电阻值相等），这一脚即栅极 G。

（3）若测得由 G 向其他两脚是正向导电（指针表黑笔接 G 呈低电阻态，数字表红笔接 G 呈低电阻态），就是 N 沟道。若测得由 G 向其他两极是反向导电（指针表红笔接 G 呈低电阻态，数字表黑笔接 G 呈低电阻态），则为 P 沟道。

（4）由于 JFET 通常制成漏极与源极可以互换，其伏安特性没有明显改变，因此 G 以外的两管脚可任意设定 D 或 S，不会明显影响放大电路的性能。

（二）晶体管特性的图示法

对晶体管等器件进行应用特性的研究和测量，有利于改善电路的设计和运行情况。所以，实验室常用晶体管或半导体管特性图示仪测试半导体器件的应用特性。该图示仪能在示波管屏幕上显示器件的特性曲线；通过屏幕上的标尺刻度还可直读或计算出器件的各项参数。图示仪能观测的项目很多，例如，观测 PNP 和 NPN 晶体三极管的共发射极、共基极、共集电极电路的输入输出特性，极限、过载特性等；可以比较两器件特性的等同或对称性；也可以测量场效应管、各种二极管、可控硅整流器及集成电路等器件的特性。

三、放大电路相关参数的测量方法

（一）放大电路电压增益和动态范围的测量方法

1. 电压增益 A_u 的定义

在中频区，电压增益 A_u 应是输入正弦信号在输出不失真时，放大电路输出电压有效值与输入电压有效值之比，即

$$A_u = \frac{U_\circ}{U_i}$$

式中　$U_\circ$——输出电压有效值，单位为 V；

　　　　U_i——输入电压有效值，单位为 V。

2. 测量使用的主要仪器

（1）正弦信号发生器。

（2）示波器。

（3）毫伏级电压表。

3. 测量接线框图

放大电路测量接线图如图 6.8.14 所示。

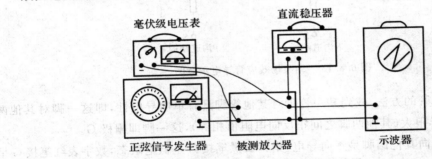

图 6.8.14　放大电路测量接线图

4. 测量方法

（1）被测放大电路接通直流稳压器，用万用表 DCV 挡测量各极静态工作点。如工作点不合适，应予以调整，直到合适为止。

（2）正弦信号发生器向被测放大电路输入 $f=1$ kHz 的正弦信号（一般为几毫伏），用示波器监视输出电压 $u_\circ$ 的波形，应无失真。如有失真可降低输入电压 u_i 的值，直至不失真。

（3）用毫伏级电压表分别测量输入电压 U_i 和输出电压 $U_\circ$，计算 $A_u=U_\circ/U_i$。

（4）测量最大不失真电压 U_{opp}，即动态范围。逐渐加大输入信号，用示波器观察 $u_\circ$ 的波形，找到最大不失真输出电压 $U_\circ$，用毫伏级电压表测量数值，则有

$$U_{opp} = 2\sqrt{2}U_\circ$$

5. 注意事项

（1）被测放大电路的公共端"地"与测量仪器的"⊥"（一般用黑色导线）应接在同一条线上，在模拟电子技术中称共地。否则会产生很大干扰，影响测量。

（2）被测放大电路的电压增益一般较高，所以输入信号应很小（几毫伏或几百微伏），如正

弦信号发生器输出的信号偏大,可以在正弦信号发生器与被测放大电路间加衰减器,如图 6.8.15 所示。此时,则有

$$U_i = \frac{R_2}{R_1 + R_2} U_。$$

当 U_i 低于 1 mV 时,衰减电路应加屏蔽,以防电磁干扰。

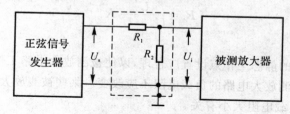

图 6.8.15　电阻衰减器

(二) 放大电路输入电阻的测量方法

1. 输入电阻的定义

输入电阻等于输入电压 U_i 与输入电流 I_i 的比值,即

$$R_i = \frac{U_i}{I_i}$$

2. 测量电路图及所需仪器测量

测量输入电阻 R_i 的电路原理图如图 6.8.16 所示。

R 为已知电阻,阻值应与 R_i 相当。R_i 与 R 相比,R_i 过大会产生干扰,过小则不易测量。所需仪器与电压增益测量中使用的仪器一样。

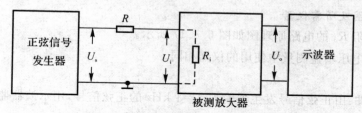

图 6.8.16　测量输入电阻 R_i 的电路原理图

3. 测量方法

(1) 在正弦信号发生器与被测放大电路之间接入已知电阻 R,给被测放大电路加入 $f = 1\,\text{kHz}$ 的正弦信号,用示波器监视输出电压 $u_。$,波形不能有失真。

(2) 测量正弦信号发生器的输出电压 U_s 和被测放大电路的输入电压 U_i,方法有两种。

1) 用毫伏级电压表在输入端直接测量 U_i 和 U_s,则有

$$R_i = \frac{U_i}{I_i} = \frac{U_i}{\dfrac{U_。 - U_i}{R}} = \frac{U_i}{U_。 - U_i} R$$

2) 为克服毫伏级电压表测量时产生的误差,可用间接法。首先在 $R = 0$ 时测量 U_s 和 $U_。$(条件同上),得到 U_s 和 $A_u = U_。/U_s$,保持 U_s 幅度不变,接入 R 再测放大电路的输出电压,得

U'_o，这时 $U_i = U'_o / A_u$。则有

$$R_i = \frac{U_i}{I_i} = \frac{U_i}{\dfrac{U_o - U_i}{R}}$$

$U_s = U_o / A_u$，$U_i = U'_o / A_u$，代入上式，得

$$R_i = \frac{U'_o}{U_o - U'_o} R$$

4. 注意事项

（1）被测放大电路的静态工作点设置应合理，以使被测放大电路工作在线性区。

（2）测量过程中被测放大电路的负载电阻不应改变。某些被测放大电路如射极（源极）输出器的输入电阻值与负载电阻大小有关。

（三）放大电路输出电阻的计算

1. 输出电阻 R_o 的概念

当放大电路工作时，输出端对负载电阻 R_L 而言相当于一个信号源。输出电阻 R_o 就是该信号源的内阻，如图 6.8.17 所示。

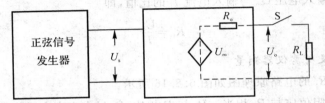

图 6.8.17　测量输出电阻 R_o 的电路原理图

2. 测量电路图及所需仪器

测量输出电阻 R_o 的电路原理图如图 6.8.17 所示。

所需仪器与电压增益测量中使用的仪器相同。

3. 测量方法

（1）测量条件：由正弦信号发生器输入 $f = 1$ kHz 的正弦信号，用示波器监视输出电压 u_o，保持波形不失真。

（2）测量空载输出电压 U_∞：S 断开，$R_L \to \infty$，用毫伏级电压表测量输出电压 U_∞，并记录。

（3）测量负载输出电压 U_L：S 接通，R_L 为已知电阻，用毫伏级电压表测量输出电压 U_L，并记录。

（4）根据戴维宁定理可知，空载输出电压 U_∞ 即为等效信号源的电动势。当 S 闭合（见图 6.8.17）时，则有

$$U_\infty = I(R_o + R_L)$$

$$I = \frac{U_L}{R_L}$$

式中，U_L 是 S 闭合后 R_L 上的输出电压。经推导，可得

$$U_\infty = \frac{U_L}{R_L} R_o + U_L$$

$$R_o = \frac{U_\infty - U_L}{U_L} R_L, \quad R_o = \left(\frac{U_\infty}{U_L} - 1\right) R_L$$

（四）放大电路频率响应与带宽的测量

1. 放大电路频率响应与带宽的概念

由于放大电路中存在一些电抗性元件,因而放大电路的增益(常用电压增益 A_u)与信号的频率有关。频率响应是在输入正弦信号的条件下,输出信号随频率连续变化的稳态响应。频率响应可以用 A_u 与 f 的关系曲线表示,称幅频特性曲线。其横坐标表示 f,单位是 Hz,采用对数刻度;纵坐标表示增益的对数,即 $20\lg|A_u|$,单位为分贝(dB),采用十进制均匀刻度。如图 6.8.18 所示是一个普通音响系统放大电路的幅频特性曲线,曲线的中间一段是平坦的,其电压增益用 A_{um} 表示,称中频区电压增益。当输入信号的频率升高或降低到一定程度时,电压增益将随之下降。 我们定义:在输入信号幅值保持不变的条件下,增益下降 3 dB(对应 $0.707A_{um}$)的频率点为下限频率 f_L 和上限频率 f_H,带宽即 $f_{BW} = f_H - f_L$。

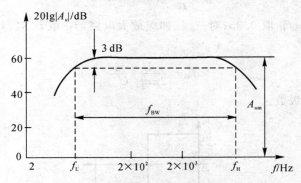

图 6.8.18　某音响系统放大电路的幅频响应曲线

2. 测量电路与所需仪器

放大电路频率响应的测量电路与图 6.8.14 相同。

所需仪器与电压增益测量中使用的仪器相同。

3. 测量方法

(1) 逐步法。

1) 输入幅值适度的 $f = 1$ kHz 的正弦信号,用示波器监视输出电压波形不应有明显失真。测量 U_i 和 U_o,计算中频电压增益 A_{um}。

2) 保持输入电压幅值,逐步升高输入信号的频率,每升高一段频率,测量一次 U_o,并计算 A_u。当 $A_u = 0.7A_{um}$ 时,对应的频率点即为上限频率 f_H。

3) 同样,保持 U_i 的幅值,由中频区逐步降低信号频率,每降一段频率,测量一次 U_o,并计算 A_u。当 $A_u = 0.7A_{um}$ 时,对应的频率点即为下限频率 f_L。

4) 为找准 f_H 和 f_L,可在其附近多做几个点进行测量。

(2) 扫频法。

1) 输入幅值适当的 $f = 1$ kHz 的正弦信号,用示波器监视输出电压波形不应有明显的失真,调节示波器幅度旋钮,使正弦波在荧光屏上有满刻度显示。

2) 保持输入信号幅度不变(可用毫伏级电压表监视),逐步增加信号频率,直到 U_o 波形减小到 1) 所示刻度的 70%,此时信号的频率即放大电路的 f_H。

3) 条件同 1),逐步减小信号频率,找到使 U_o 下降到 1) 所示刻度的 70% 的频率,即 f_L。

（3）瞬态分析法。

1) 将正弦信号发生器换成方波信号,示波器最好选用双踪示波器,测量接线图同图 6.8.14 所示。方波的频率 $f = 100$ Hz,占空比为 50%,幅值不应大于不产生失真的正弦 U_i 的有效值。

2) 输入电压 u_i 和输出电压 u_o 的波形如图 6.8.19 所示。设输出电压的最大幅值为 U_{om},瞬态分析的两个参数为:① 上升时间 t_r:即输出电压从 $0.1U_{om}$ 上升到 $0.9U_{om}$ 所需时间(μs 或 ns)。② 平顶降落 δ:输出电压由 U_{om} 经过 t_P 时间间隔后,降落的数值(mV 或 V)。

3) 调节示波器,利用荧光屏上的刻度确定 t_P 和 δ 的数值。

4) 用下列公式算出 f_H 和 f_L,即

$$f_H = \frac{1}{t_P}(0.35 \sim 0.33)$$

对单级、两级放大电路 f_H 取 0.35;对三级、四级放大电路,f_H 取 0.34;对五级以上放大电路,f_H 取 0.33。

$$f_L = \frac{1}{2\pi n t_P} \frac{\delta}{U_{om}}$$

式中,n 为放大电路的级数。

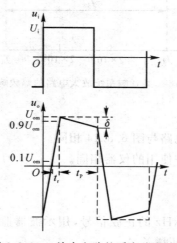

图 6.8.19　放大电路的瞬态响应波形

（五）振荡电路频率的测量方法

1. 用示波器测量频率

现代示波器均有测量波形周期的功能,运用此功能可对重复信号频率进行测量。下面以常用的 5020 型双踪示波器为例,说明测量重复信号频率的方法。

（1）双踪示波器探头连接被测信号,调节双踪示波器垂直偏转因数选择开关 (VOLTS/DIV),使被测波形的显示幅度不要超出荧光屏。

（2）调节水平扫描使荧光屏上显示一个周期以上的完整波形:首先将扫描微调旋钮顺时针旋到底,使微调旋钮处于"校准位置",再调整水平扫描因数开关(TIME/DIV),使荧光屏上

显示一个周期以上的完整波形。

（3）稳定波形：触发源选择开关（SOURCE）最好使用被测信号的通道，调节触发电平旋钮使波形稳定在荧光屏上。

（4）测量信号周期 T：调节垂直位移，使波形对 x 轴线刻度上下对称，再调水平位移，将波形起始点放在荧光屏刻度上的某个坐标点上，即可测出一个周期的水平距离 L（格或 div）。若这时的扫描速度为 t/div，t＊t/div 是仪器上的标记，表示每格（div）代表多少时间（由扫描因数开关上读得），周期为

$$T = L \times (t/div)$$

被测信号的频率为 $\qquad f = 1/T$

（5）误差：只存在双踪示波器扫描信号的误差和读数误差。

2. 用示波器和频率信号源共同测量频率

（1）李沙育图形法。此法仅适用于正弦信号的频率测量，必须用具有"外 X"输入插孔的示波器（如 XJ—17 型），接线图如图 6.8.20 所示。

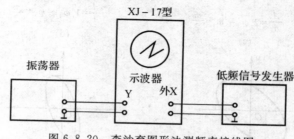

图 6.8.20 李沙育图形法测频率接线图

1）将被测信号（振荡器输出信号）接示波器 Y 输入插孔，调节垂直偏转选择开关和微调，使信号幅度不超出荧光屏。

2）将低频信号发生器接在示波器"外 X"输入插孔，并将扫描选择置于"外 X"挡位置，调节低频信号发生器输出电压，使示波器上的水平图像也不超出荧光屏。

3）改变低频信号发生器的频率直到荧光屏上出现如图 6.8.21 所示图形中的任一种时，低频信号发生器指示的频率即为被测信号的频率。图 6.8.21 所示图形的多样性是由于 Y 轴信号与 X 轴信号存在相位差。

4）误差：低频信号发生器频率指示的误差。

（2）比较测量法。

1）示波器输入被测信号，同时调节垂直偏转开关（含微调）和水平扫描开关（含微调），使示波器荧光屏上显示幅度适中、周期易测的完整波形。

2）保持示波器的状态（所有旋钮都不动），在输入端改接已知频率的低频信号发生器，波形的幅度由低频信号发生器输出调节控制。改变低频信号发生器的频率，使荧光屏上的波形周期与被测信号完全一样，这时低频信号发生器指示的频率即被测信号的频率。

3. 用频率计测量

频率计是专门用于频率测量的仪器，现代数字频率计操作简单，读数简便。使用频率计之前要仔细阅读说明书，注意仪器的适用范围和对输入信号的要求，以免造成误差或损坏。在低频电子电路的测量中，没有使用频率计的要求，这里不再展开叙述。

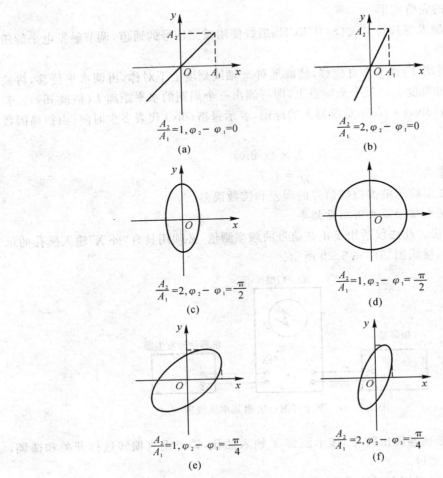

图 6.8.21　李沙育图形

6.9　常用电子元器件的标识及部分集成芯片引脚排列

部分半导体集成芯片引脚排列图

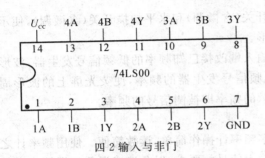

四 2 输入与非门

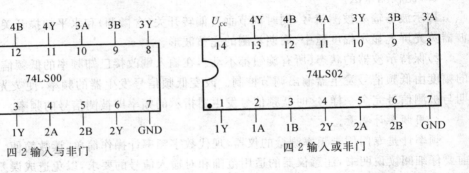

四 2 输入或非门

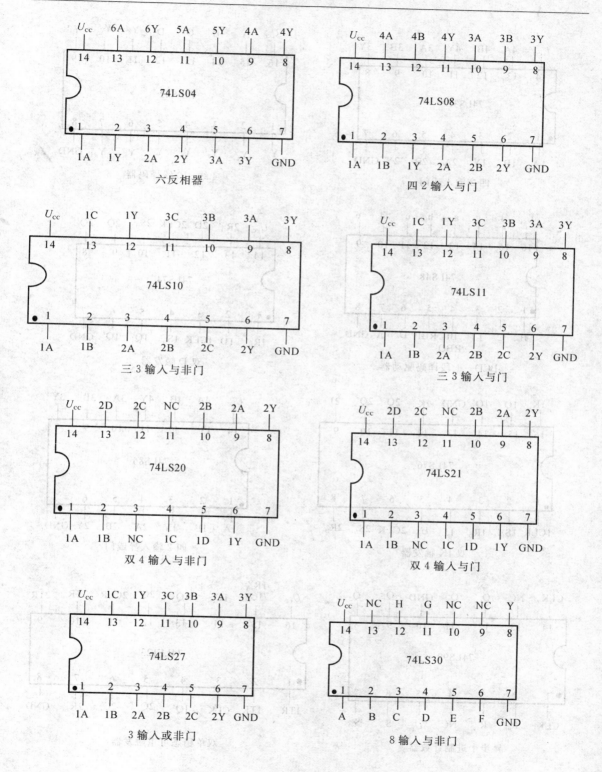

74LS04	六反相器	
74LS08	四 2 输入与门	
74LS10	三 3 输入与非门	
74LS11	三 3 输入与门	
74LS20	双 4 输入与非门	
74LS21	双 4 输入与门	
74LS27	3 输入或非门	
74LS30	8 输入与非门	

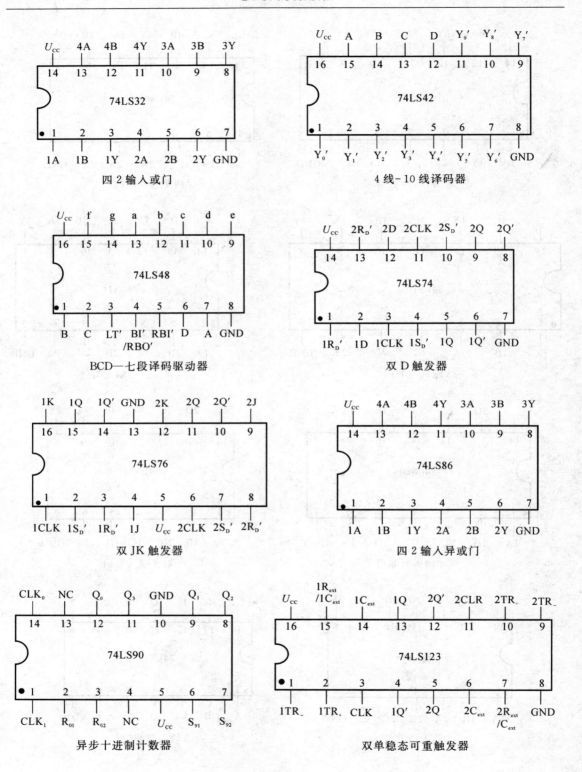

四 2 输入或门

4 线-10 线译码器

BCD—七段译码驱动器

双 D 触发器

双 JK 触发器

四 2 输入异或门

异步十进制计数器

双单稳态可重触发器

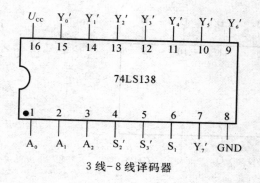

3 线-8 线译码器

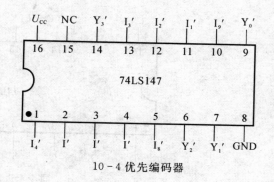

10-4 优先编码器

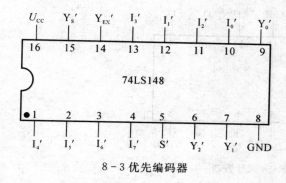

8-3 优先编码器

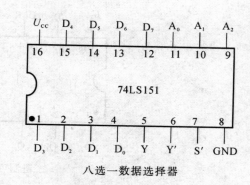

八选一数据选择器

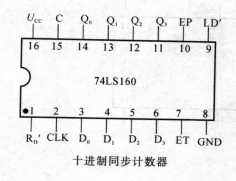

十进制同步计数器

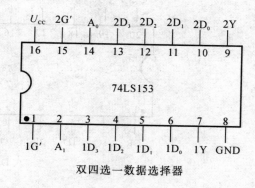

双四选一数据选择器

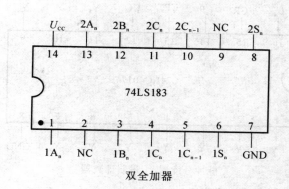

双全加器

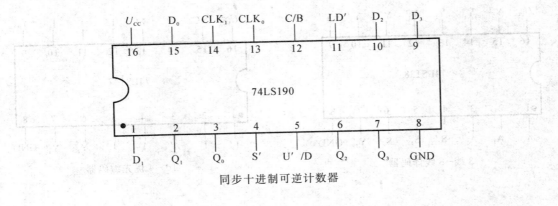

同步十进制可逆计数器

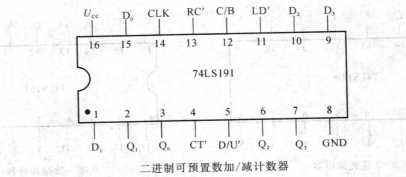

二进制可预置数加/减计数器

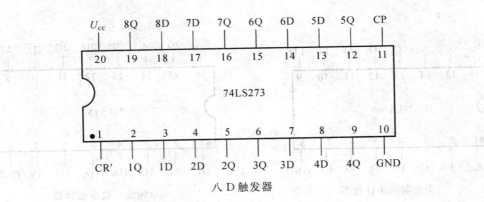

八 D 触发器

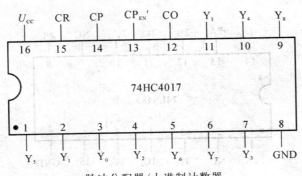

脉冲分配器/十进制计数器

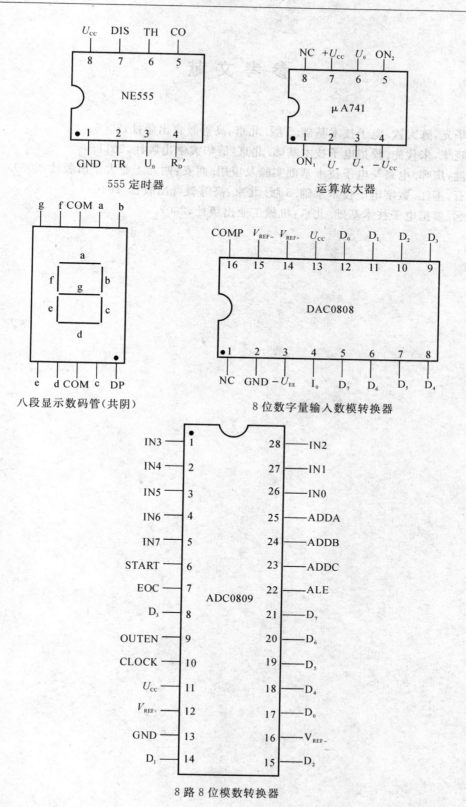

555 定时器

运算放大器

八段显示数码管（共阴）

8 位数字量输入数模转换器

8 路 8 位模数转换器

参 考 文 献

[1]　康华光,陈大钦.电子技术基础.5 版.北京:高等教育出版社,2006.

[2]　王晓华,朱代先.模拟电子技术基础.北京:清华大学出版社,2011.

[3]　徐健,房晔.电路与电子技术基础实验及应用.西安:西北工业大学出版社,2009.

[4]　阎石,王江.数字电子技术基础.5 版.北京:高等教育出版社,2010.

[5]　王远.模拟电子技术基础.北京:机械工业出版社,2007.